# 究極奇葩兵器圖鑑

世界兵器史研究會

楓樹林

# 前言

**戰爭中總是少不了各式各樣的奇葩兵器!?**

外表看起來很奇怪，威力更是不敢領教。

這些**奇葩兵器**

就是以**那又怎樣！**

這種氣勢製作出來的。

這種想法**不錯吧！**

如果當時有人察覺到——

有些地方好像怪怪的，到底是哪裡有問題？

也許**這些兵器就能成為**

**歷史上的「名兵器」了**。

一群非常聰明的人，經過深思熟慮，

或是一瞬間的靈光乍現，

全心全意地製作出這些奇葩兵器。

**充滿了夢想、希望和其他情感，**

**請好好地愛護它們！**

武器中蘊含著歷史！

## 潛水艇的誕生

# 新武器大放異彩留名青史

人類的歷史就是戰爭的歷史，過程中許多人提出了「新武器」的設計構想，但實際上能夠發揮作用的卻寥寥無幾。其中一個例子就是H·L·漢利所開發的漢利潛水艇。雖然當時已經有了從水下攻擊敵人的想法，但真正能擊沉敵艦的武器卻是由漢利發明的。在南北戰爭中，由北方的美利堅合眾國（簡稱「聯邦」）獲得勝利，但屬於南方美利堅邦聯（簡稱「邦聯」）的漢利所確立的「潛水艇」這種新型武器，其設計風格至今仍被傳頌著。

# H·L·漢利潛水艇

引擎由人力驅動：
船員通過手動操
作起動槓杆。

研製 美利堅邦聯　年代 1864

小檔案

- 全長…12.0m
- 排水量…7.5t
- 最高速度…7.4㎞/h（水上）
- 乘員…8名
- 武裝…外裝水雷 ×1

南北戰爭期間，南方軍美利堅邦聯所使用的潛水艇。由霍勒斯·L·漢利開發，曾擊沉北方聯邦軍艦胡桑蒂克號，但自己也隨之沉沒。

## 優秀的武器是什麼？

# 火力強大並不是優秀武器的唯一條件

武器並不是非得強大才算好武器。在第二次世界大戰中，德國的虎Ｉ式坦克和美國的Ｍ４謝爾曼坦克就是一個很好的對比。

虎Ｉ式坦克擁有強大的火力和厚實的裝甲，能壓倒任何美製或英製坦克。僅僅看這些特點，虎Ｉ式坦克似乎是最優秀的武器，但事實並非如此。虎Ｉ式坦克雖然擁有強大的火力，但卻因為車體過重和維修困難，導致一輛虎Ｉ式坦克需要花費大量的金錢和時間才得以製造出來。

雖然謝爾曼坦克的規格不如虎Ｉ式坦克，但在大量生產和妥善率上，卻比虎Ｉ式坦克更加優秀。因此，在戰爭後期，謝爾曼坦克的數量優勢開始展現；這表明，即使性能平平，能夠大量生產和易於操作也是武器必不可少的要素。

小檔案
- 全長…8.45m
- 全幅…3.70m
- 最高速度…40 km /h
- 乘員…5名
- 武裝…56 口徑 8.8 cm KwK36 L/56 戰車砲、7.92 mm MG34 機槍 ×2

德軍的重型坦克。擁有非凡的火力和裝甲，在對抗同盟國的戰役中取得了優異的成果；但其機動性較差，且妥善率低，產量也不足。

## 虎 I 式重型坦克

研製 德國 年代 1942

如何定義「優秀的武器」，這取決於觀念。

## M4謝爾曼中型坦克

研製 美國 年代 1942

小檔案
- 全長…5.84m
- 全幅…2.62m
- 最高速度…38.6 km /h
- 乘員…5名
- 武裝…37.5 口徑 75 mm M3 戰車砲、12.7 mm M2 重機槍、7.62 mm M1919 機槍 ×2

美軍的中型坦克。「零件標準化」這項優勢讓盟軍在量產和維護性上大大領先對手，得以從數量上壓制敵軍。但就性能而言，在許多方面都不如德軍。

## 噴射引擎的軌跡

# 武器開發與我們身邊的環境息息相關

武器的發展和軍事技術的進步，與日常生活中所接觸到的民用技術息息相關。一個代表性例子是世上第一架噴射戰鬥機——梅塞施密特Me 262「燕鷗」所使用的噴射發動機。

如今，噴射發動機已經成為飛機的常規動力，但當初它只是為了製造出飛得比敵方飛機更快的飛機——戰鬥機，而進行研發的軍事技術。戰後，噴射戰鬥機的技術被實用化後傳到民用領域，便催生了能快速運載乘客的噴射客機。現代戰鬥機通常會將噴射發動機安裝在機身內，以避免受到敵軍的火力攻擊；但不需要考慮這一點的噴射客機則仍沿用Me262的風格，將引擎掛在機翼上。

# 梅塞施密特 Me262
# 燕鷗

軍事技術與民間技術是
相互關聯的。

研製 德國　年代 1944

小檔案

- 全長…10.6m
- 翼長…12.5m
- 最高速度…869 ㎞/h
- 武裝…30 ㎜ MK 108 機砲 ×4
- 乘員…1 名

德軍的噴射戰鬥機。作為世上第一架實用化的噴射引擎飛機而聞名，它在第二次世界大戰末期發揮了重要的作用。

# 目錄



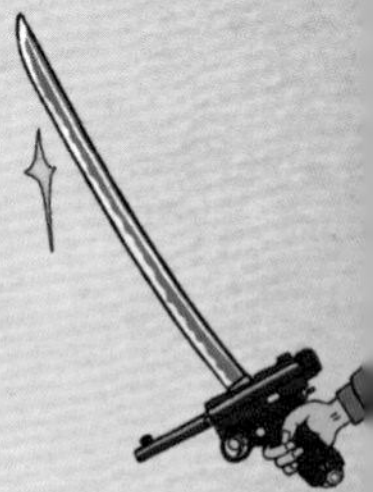

## 第1章 奇葩發射兵器



## 第2章 奇葩移動兵器

## 第3章 奇葩陸地兵器



## 第4章 奇葩海上兵器

## 第5章　奇葩飛天兵器

# 第 1 章

# 奇葩
# 發射兵器

# 如果沒有砲彈，那就扔飛鏢吧

## 蘭肯・達特

研製

英國

年代

1916年

小檔案

- 全長…28.5 ㎝
- 橫幅…30.0 ㎜

在第一次世界大戰期間，德國出現了一種名為「硬式飛行船」的武器，並開始襲擊英國城市。硬式飛行船擁有金屬骨架，不容易因輕微的損傷而墜落。

因此，英國決定從**比飛行船更高的位置投下炸彈，將飛行船燒毀、使其墜落**。為此開發出名為蘭肯·達特的武器。

這種武器是有著尖銳外觀的特殊炸彈，通過空投來刺穿飛行船的外殼，然後在內部爆炸，使飛行船著火、開始燃燒，在失去控制後墜毀。

但實際應用時發現，投下的蘭肯·達特會被風吹走，命中率不高；**僅僅靠自由落體的速度也無法刺穿飛行船**。最終，這個計畫成為了完全出乎意料的失敗之作。最後還發現**只要使用戰鬥機的機槍就能輕易擊落飛行船了**，因此，蘭肯·達特只完成了一次任務就被淘汰了。

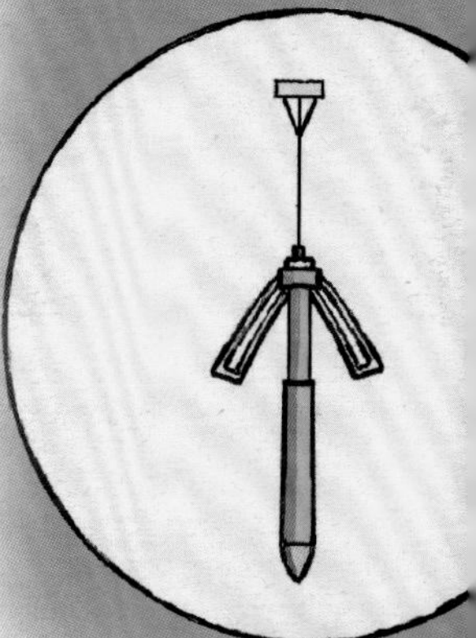

# 雖然製造出來了
# 但卻無法攜帶
## 史密斯槍

研製
英國

年代
1941年

小檔案

- 全長…約 1.4m
- 重量…約 274 kg
- 砲口徑…約 76.2 mm
- 有効射程…約 90 ～ 270m

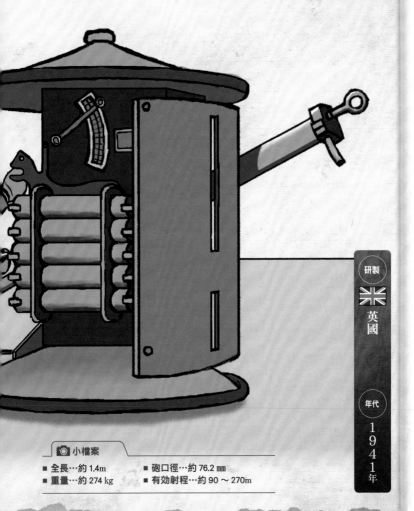

德軍在二戰初期差點就登陸英國了。為了對抗德軍坦克，英國的威廉・史密斯少校開發了史密斯槍。

史密斯槍的特點在於其射擊姿勢，**將整個史密斯槍橫躺過來，以單邊的車輪為支架，透過獨特的安全機制來發射砲彈**。

但由於製造過於匆忙，史密斯槍存在著各種問題。架設在史密斯槍上的火砲其射程相當短，必須靠近目標後才能進行攻擊。但史密斯槍過於沉重，**即使有輪子也難以單靠人力來運載**。也曾考慮過使用馬匹或車輛來牽引，但史密斯少校根本沒有考慮過這種運輸方式，**並禁止除了人力以外的運輸方式，因為這會對輪胎造成負擔**。最終，史密斯槍從未在實戰中使用過。

這個武器可以將車輪當作支架，讓火砲可以進行360度的旋轉。

# 朝下傾斜的話
# 彈藥可能就會掉下來

## PIAT

這個武器在英國軍隊中
仍然非常受重視。

研製

英國

年代

1942年

**小檔案**

- 全長…99.0 cm
- 重量…14.4 kg
- 武裝…反坦克高爆彈（HEAT）
- 有効射程…90m

在第二次世界大戰中，美軍開發了一種名為巴祖卡（Bazooka）的攜帶式火器，提供給步兵作為對抗戰車的武器，這是一種可以發射火箭彈的武器。而英國則開發出稱為PIAT的武器，它利用彈簧來發射彈藥，以取代巴祖卡。

PIAT在外觀上類似於巴祖卡，但在**發射筒中裝了一個大彈簧**，利用彈力將彈藥發射出去。它生產簡單且能大量使用，但同時也存在著一個大問題。

PIAT在裝填彈藥時需要用手來動推，且彈頭並沒有鎖定。**裝填後，如果不小心讓PIAT傾斜了，彈藥可能就會掉落在地上引發大爆炸。**

＊PIAT為Projector Infantry Anti Tank（步兵用反坦克投射器）的縮寫。

# 刀槍合一的貪心武器
## 試製拳槍付軍刀

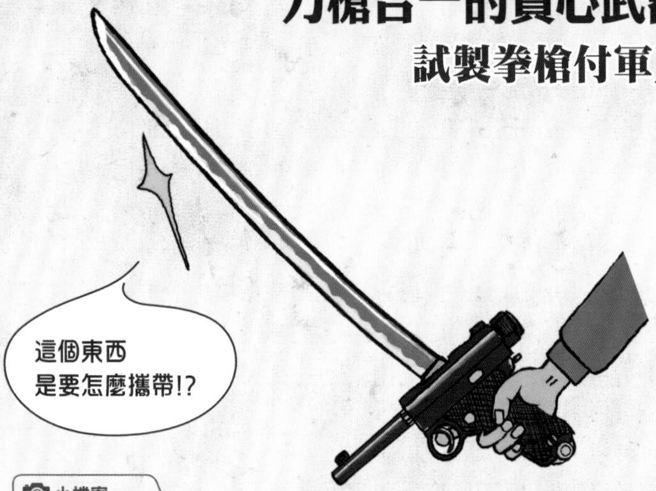


**小檔案**

- 刀身長…780 ㎜
- 槍身長…110 ㎜
- 彈藥…7×20 ㎜南部彈

研製：日本

年代：1920年代

戰鬥中，騎兵會一手握著韁繩一手持槍。此外，當發起衝鋒時，部隊指揮官也要揮起軍刀來發號施令，因此需要在馬上單手反覆進行著換持槍和刀的動作。為了解決這種不便，**日本便製造了結合了槍和刀的「試製拳槍付軍刀」**。

這個武器的開發歷時近10年，但當槍和刀結合後，反而讓它的操作變得更加困難，**無論使用槍還是使用刀，都無法發揮出完整的功能**。此外，**槍和刀的結合部分還特別容易鬆動**。這個問題無法解決，最終這個設計就被淘汰了。

奇葩度

# 要先打對手才能扣動扳機

## 賽奇利拳槍

即使是沒有規則的
格鬥比賽，也會被取消
資格趕出比賽。

小檔案

■ 全長…7.3 cm　■ 武裝…38 特殊彈 ×1

研製：美國

年代：1930年代

敵人逼近，處於絕境！在這樣的關鍵時刻，為了滿足這最後一擊的需求，美國開發了一種**結合了手套和槍的怪異武器**，即所謂的*賽奇利拳槍。

使用方法非常簡單，只需要戴上手套，用拳頭攻擊對手就可以了。當拳頭打到對手時，**就會觸發扳機將子彈發射出去**。然而，這種設計反而讓它變得很不方便，因為**「不打擊對手就無法開槍」**。

**用普通的槍支來攻擊似乎更加快速、方便**，所以這種奇怪的槍支幾乎沒有被使用過。

＊制式名稱為「手動發射機構 Mk.2」（Hand Firing Mechanism, Mk.2）。

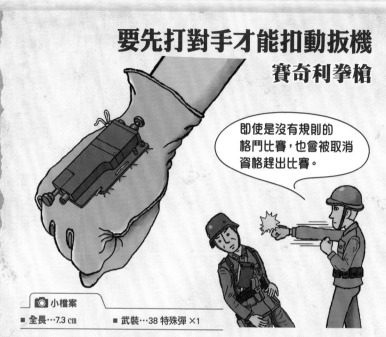

# 名字很酷，但外觀卻很可愛

## 神火飛鴉

小檔案

■ 全長…約1m　■ 武裝… 火箭推進燃料（火箭）

研製
中國（明朝）
年代
15～16世紀

中國自古以來就率先進行對火藥的研究。在15～16世紀，明朝軍隊就曾使用的稱為「神火飛鴉」的攻城武器。這種武器是將四枚火箭一起，發射後在命中目標時引爆。**可說是當時的火箭彈，是非常先進的武器**。儘管名字非常酷炫，但令人困惑的是它的**可愛外觀**。之所以特意設計成鳥的外觀，據說是為了**讓它看起來更像是一隻鳥，以迷惑敵人的觀察**。

# 太空爭霸就這樣燃燒殆盡了

## 雷射衛星

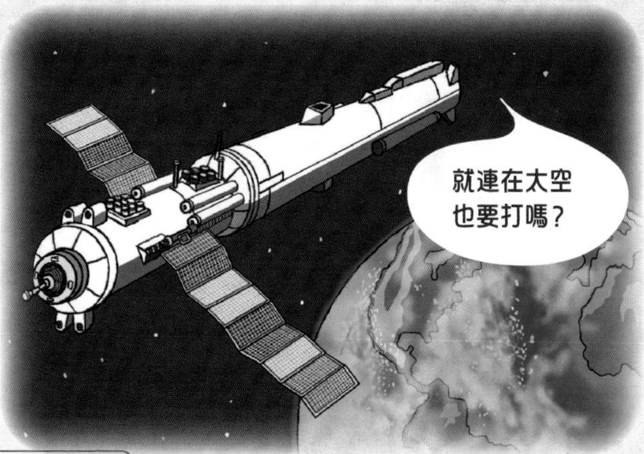


小檔案

- 全長…37m
- 直徑…4.1m
- 武裝…二氧化碳雷射（1兆瓦）

研製
蘇聯

年代
1980年代

太空探索一直是人類的夢想，其源頭可追溯至美蘇為了展現技術實力所進行的非正式競爭，這也被視為是一場戰爭。

從人造衛星獲得資訊，這在現代戰爭中扮演著重要的角色。蘇聯意識到這點，認為**太空終將成為戰爭的舞台，於是便開發了波利斯**。

配備了二氧化碳雷射的波利斯可用於攻擊人造衛星，於1987年搭載在能源號火箭上，試圖將其送入軌道，但卻失敗了，最終於大氣層中燃燒殆盡。

# 即使容易投擲
# 也不一定易於使用
## 足球手榴彈

一旦落地就會亂滾，
根本沒有任何用處。

研製
美國

年代
1973年

小檔案
■ 全長…30 cm ■ 重量…約 400g

美國軍方曾經考慮製造一種任何人都可以輕鬆投擲到目標的手榴彈。為了實現這個想法，他們將目光投向美式足球這項全民運動。**美式足球是每個美國人都曾體驗的運動**。他們認為，**如果將這種足球改造成手榴彈，那麼無論是誰都可以輕鬆地投向目標位置**。於是，這種奇特的足球手榴彈便應運而生了。**他們將炸彈嵌入玩具足球中**。

然而，美軍卻忽略了一個根本性的問題：將炸彈放入充滿空氣和棉花的足球中會導致**重量分布不均，投擲時難以控制，讓飛行方向難以預測；且一旦落地就會滾來滾去，完全沒有實用上的價值**。美軍在做完性能測試後才意識到這個問題，當然，這個想法立刻就被淘汰了。

# 用大型飛彈快遞士兵

## 紅石運輸飛彈

研製

美國

年代

1956～1957年

小檔案

- 全長…21m
- 最大射程…323 ㎞
- 直徑…1.8m
- 乘員…6 名

當提到飛彈時，一般指的是一種能夠自主飛向目標並引爆的武器。然而，美軍卻曾嘗試過將其用於**士兵的運輸上**。他們將短程彈道飛彈PGM－11的彈體挖空，擠進六名士兵後發射。這枚飛彈會飛越大氣層，在到達目的地的上方打開降落傘，緩慢降落於地面後放出士兵。

這是一個利用飛彈所具有的長射程和從發射到著陸只需5～10分鐘的運輸計畫。

然而，由於使用的是**價格昂貴的一次性飛彈，成本效益低，雖然計畫龐大但能夠運載的人員和物資卻相當有限，無法實際應用，最終計畫終止了**。

真的要用飛彈做這種事嗎？

# 是水槍？你想錯了！
## APS水下槍

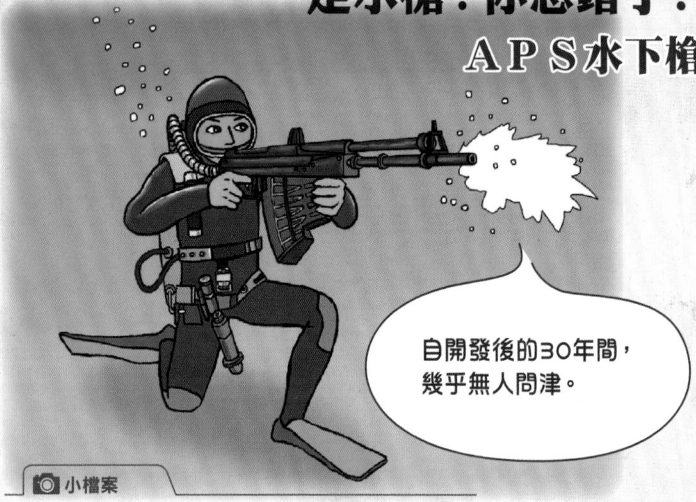
自開發後的30年間，
幾乎無人問津。

小檔案

- 槍身長…37.2 cm
- 裝彈量…26 發
- 口徑…5.56 mm
- 有効射程…30m（水深 5m）

研製
蘇聯

年代
1980年代

世界上大多數的槍械都無法在水下使用。然而，蘇聯為了讓進入水下執行潛入行動的特種部隊也能攜帶武器，特別開發了稱為「水下槍」的武器。

**APS水下槍是一種能在水中射擊的突擊步槍，使用的子彈與普通子彈不同，設計得像箭一樣細，以確保在水中不會失去動能。**它也可以像普通槍械一樣在陸地上使用，但由於是專門為水中使用而設計的，所以在**陸地上的準確度較差。槍管承受的壓力較大，長時間連續射擊也可能導致損壞。**

# 第2章

# 奇葩
# 移動兵器

# 未能成為戰車的砲台三輪車
## 福爾坦・奧布里奧・加貝

電纜如果斷裂就
動彈不得了。

小檔案

- 全長…6.0m
- 高度…2.0m
- 最高速度…10 km/h
- 武裝…37 mm砲
- 乘員…2名

研製 法國

年代 1915年

在第一次世界大戰接近尾聲時，英國開發了一種新武器──戰車。在此之前，除了英國之外，各國也都在研製與戰車相似的武器。

這是由法國的奧布里奧・加貝（Obrillio Gabe）所開發的福爾坦・奧布里奧・加貝。這是一輛裝備了37 mm砲的雙人移動要塞，**更像是裝有砲台的三輪車，而不是戰車**。由於車身較小，無法容納引擎，因此是透過安裝在外部的電動發動機來獲取動力。然而，**要在戰場上拉著電纜前進是十分麻煩的，而且電纜一旦斷裂車輛就無法行動了**，因此被淘汰。

奇葩度

# 用巨大的車輪越過障礙物！

## 沙皇坦克

有時也以發明者尼古拉·
列賓科的名字來命名，稱為
「列賓坦克」。

**小檔案**

- 全長…17.8m
- 高度…9.0m
- 乘員…10 名
- 全幅…12.0m
- 武裝…7.62 mm機槍 ×8

研製

俄羅斯帝國

年代

1915年

這邊是由俄羅斯帝國所完成的「戰車」。外觀與今日的戰車大相逕庭，稱為三輪車或許更為合適。

**它以直徑達9m的巨大前輪來克服各種地面障礙**，但實際在不平坦的地形上行駛時，車輪搖晃不已，無法發揮作用。

而且，如果其中一個輪子稍微歪斜，就無法再繼續前進了，最後甚至還發現**後輪無法越過壕溝**等缺陷，因此被淘汰。

# 以為很方便
# 但卻有個嚴重缺陷
## BL 12 英吋列車砲 Mk.V

研製
英國
年代
1917年

世界上有一種稱為列車砲的武器，將無法以常規方式移動的大砲安裝在列車上，並行駛在鋪設的鐵軌上，以便進行遠距離的攻擊。然而，大多數的列車砲都是直接**將大砲安裝在列車的車體上，因此只能朝前方發射砲彈**。如果要改變大砲的發射方向，就必須將整台列車開到轉盤上才能進行旋轉。

為了解決這個麻煩問題，英國開發了一種具革命性的列車砲。這種**列車的上半部可以左右轉動**，這讓條調大砲方向變得更加容易。

然而，如果大砲朝橫向發射砲彈的話，**列車勢必會因為反作用力而翻覆**。當時的英國軍方並未考慮到這一點，後來不得不**製作支撐腳架以應對大砲橫向發射時所造成的影響**。

**小檔案**

- 砲身長…5.26m
- 砲口徑…305 mm（12 英吋）
- 有効射程…13,120m

我們完全沒有意識到，如果橫向發射，列車會翻覆。

# 由於缺乏鋼材 改用混凝土來製作

## 野牛移動碉堡

研製

英國

年代

1940年

小檔案

- 全長…約 4.5m
- 高度…1.9m
- 重量…約 9t

在1940年，德軍對英國發動登陸戰的可能性與日俱增。當時的英國曾試圖生產大量用於運輸士兵和武器的卡車，但**鋼板卻被優先用於製造坦克了，因此無法為卡車留出足夠的鋼材**。

情急之下，英國還是堅持必須生產卡車，於是只能**用剩餘的材料來製作，結果就造出車體由厚重的混凝土製成**，適合用來當堡壘的奇怪卡車，這就是野牛移動碉堡。

然而，**由於混凝土過於沉重，無法自行移動**。因此被安裝在各地作為*碉堡的替代品。由於德軍並未登陸，野牛移動碉堡也未能在實戰中使用。

雖然材料不足，
但這也太重了吧！！

*混凝土製的防禦陣地。

# 將車和直升機合體

## 哈夫納 轉輪車

將吉普車的後方延長，
並裝上飛行翼。

**小檔案**

- 全長…6.4m
- 高度…2.06m
- 最高速度…241 ㎞/h
- 乘員…2名

研製：英國

年代：1943年

為了佔領敵方據點，空降部隊會從高空降落實施突襲。空降部隊的弱點在於由於從空中降落的關係，無法攜帶像坦克之類的重型武器，只能攜帶輕型裝備。為了解決這個問題，**英國製造了一種將直升機和吉普車結合在一起，名為「轉輪車」的新武器**。轉輪車計畫藉由自身的飛行能力飛抵戰場，但由於開發出**可以攜帶坦克等大型軍用車輛的滑翔機，轉輪車最終還是未獲使用**。

# 便於攜帶的摺疊式吉普車
## 亨廷帕西瓦爾 鷂鷹

歷經千辛萬苦，但只能坐4個人，
難道你覺得可以坐6、7人嗎？

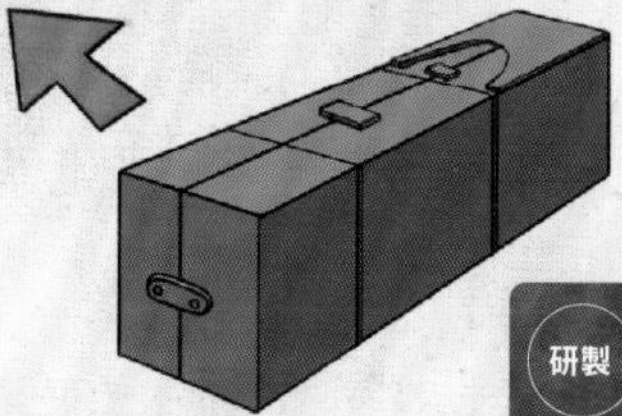

小檔案
- 全長…2.71m
- 最高速度…69 km/h
- 重量…317 kg
- 乘員…4名

研製：英國
年代：1957年

即使在拒絕使用轉輪車後，空降部隊仍然進行了幾次吉普車實驗。這是由亨廷帕西瓦爾公司於1957年開發的「鷂鷹」。**其特點是車身可以摺疊**，裝上降落傘後便可與空降部隊一起降落。

但由於**摺疊功能過於複雜，導致車身強度不足，難以在崎嶇的地形上使用**。且缺乏保護乘員的裝甲，最終也被遺憾地拒絕使用。

# 挖土前進！就只有這樣？

## 耕耘機 No.6 妮莉

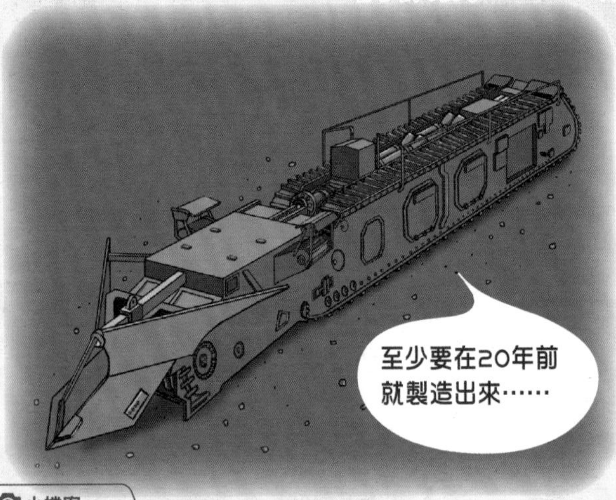
至少要在20年前
就製造出來……

**小檔案**

- 全長…23.62m
- 最高速度…4.89 km/h
- 重量…130t
- 挖掘深度…5m

研製：英國

年代：1942年

一戰是壕溝戰的年代。為了保護士兵，不得不費力地藉由人力來挖掘洞穴和溝渠。

20年後，為應對下一次戰爭英國特別製造了用於**挖掘壕溝的武器——妮莉**（Nellie），別名「突擊用壕溝挖掘車」，發想來自鏟雪車的旋轉設計。妮莉每小時可以挖掘約1公里長、2公尺深的壕溝。然而，當20年後，拉開第二次世界大戰帷幕的卻是閃電戰，**這輛只能挖掘壕溝的車輛根本沒有發揮功用的機會**。

奇葩度

# 委內瑞拉的第一輛裝甲車外形就像烏龜

## 托爾圖加

我不太清楚
它的具體性能。

**小檔案**

- 全長…不明
- 速度…不明
- 重量…不明
- 武裝…7 mm機槍

研製：委內瑞拉

年代：1934年

「托爾圖加」是南美洲委內瑞拉所開發的第一輛裝甲車。對該國而言，製造裝甲車本身就是第一次，因此最終生產出來的是一輛有著三角外形的笨重車輛。由於**外形有點像烏龜，所以被稱為*托爾圖加**。這輛車在完成後曾用於閱兵，但之後的情況就不得而知了。由於前方只有兩個小窗戶，視野非常糟糕，**如果真的在實戰中使用，恐怕會被譏諷為一種毫無用處的武器**。

＊在西班牙語中是烏龜的意思。

# 我很想在沙灘上開吉普車
## 斯庫沃爾籠

研製
美國

年代
1948～1950年

小檔案
■ 全長…10m　■ 速度…不明

美軍在諾曼地戰役等大規模的登陸戰中獲得了許多寶貴經驗，他們發現要在沙灘上駕駛吉普車事件非常困難的事。**為了要讓吉普車可以在沙灘上行駛**，美軍設計了這款武器。**將整個吉普車用金屬網圍起來，以便在崎嶇的地面上行駛，不至於陷入困境**。

這款武器看起來非常奇特，**就像松鼠或倉鼠的運動輪一樣**。因此被命名為＊斯庫沃爾籠。

然而，斯庫沃爾籠也存在著致命的缺陷。安裝籠子的車輛由於受到結構上的限制，導致**視野變得極差，也無法轉彎**。美軍意識到**履帶或許才是最適合在沙灘上行駛的**，因此便決定停止進一步的開發。

我很能體會成為松鼠的感覺，但大家應該不會想坐這樣的車吧！


＊也就是 Squirrel Cage 的音譯。

奇葩度

# 延伸自戰車的巨大機器人

## 自走機器手臂 甲蟲

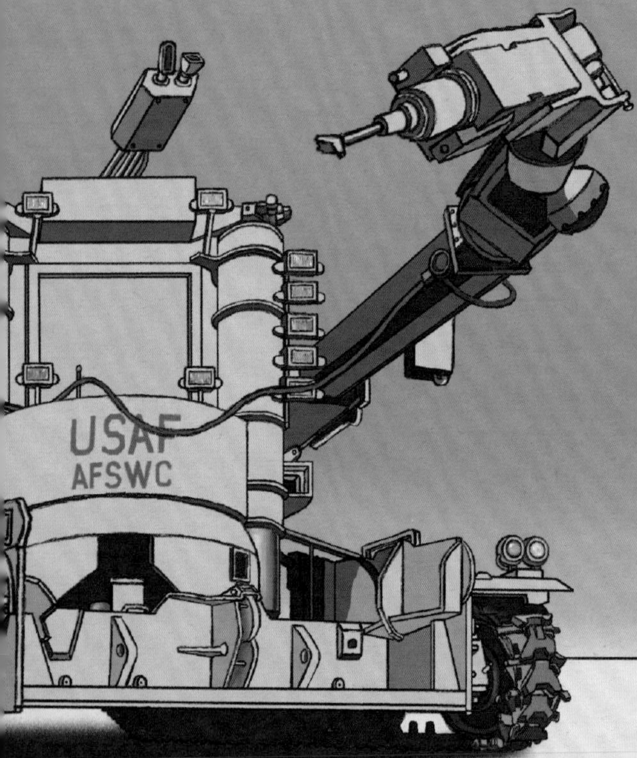


研製

美國

年代

1960年代

小檔案

- 全長…5.79m
- 高度…3.35m（可上升約 8.0m）
- 重量…77.1t
- 乘員…1 名

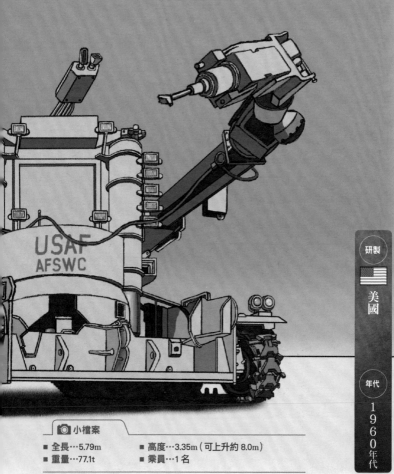

「甲蟲」是美軍耗費巨資所打造的「載人機器手臂」，是為了**清除受輻射污染區中的廢墟，以及進行救援任務而開發的**。以戰車車體為基礎，配備駕駛艙和兩條機器手臂，上半身能夠上下移動到8m。

聽起來雖然很像是超級機器人，但「甲蟲」從未投入實際的應用。由於在戰車上**安裝了沉重的機器手臂，導致行駛時經常會出現故障**。此外，為了保護乘員免受輻射的影響，甲蟲的全身鋪滿了鉛板，**沉重的車體讓甲蟲無法在一般的道路上行駛**。

因此，「甲蟲」最終被判定為不可能實現的計畫，開發中止。

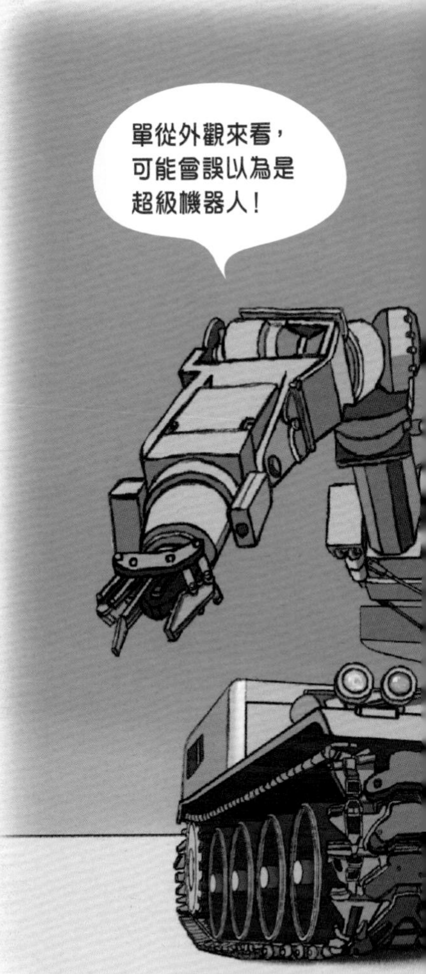
單從外觀來看，可能會誤以為是超級機器人！

# 靠著鑽頭行駛於崎嶇道路上

## ZIL-2906

可以在任何地形上行駛，但對於一般道路卻不是很擅長。

研製
蘇聯

年代
1980年

小檔案

- 全長…4.9m
- 高度…2.2m
- 最高速度…45 km /h（雪地）
- 最大載重…420 kg

一般情況下，車輛不是使用輪胎就是靠履帶來行駛的，很少有車輛像這輛車是使用鑽頭來行駛的。然而，**蘇聯所開發的這款ZIL-2906的軍用車**，卻是利用鑽頭的推進力＊**通過左右鑽頭的旋轉方向相反來前進或後退**。

這輛車被設計為全地形車，是為了回收聯盟號太空船的返回艙而製造的。**在俄羅斯廣闊的雪地和沼澤地中，普通的車輛是很難自由移動的，因此需要這種特殊的車輛**。鑽頭也具有浮力器的功能，它甚至可以在水面上行駛。然而，這輛車也有缺點。當行駛在**岩石或柏油路等堅硬的地面時，鑽頭會磨損、卡住，無法行駛**。

因此，當在一般的道路上行駛時，就**需要專門的卡車來運載**。

＊順便一提，鑽頭如果是以相同的方向旋轉就可以左右移動。

# 為了應對地雷而誕生
## 豹式裝甲車

**小檔案**

- 全長…5.03m
- 最高速度…80㎞/h（柏油路）
- 高度…2.44m
- 乘員…4～5名

研製：羅德西亞
年代：1974年

至今，世界各地仍有許多地方埋有地雷，一旦觸發不僅會對人員造成威脅，也會對車輛造成嚴重的損害。為了應對這個問題，位於非洲的*羅德西亞開發了一種名為「豹式裝甲車」的車輛。

這款車的特點是**車底呈V字形，這使它能與地面保持一定的距離**，即使地雷爆炸，也能減輕對車體的衝擊。

如今，V形車身的設計被許多國家廣泛使用，但豹式裝甲車也存在著缺點。由於其獨特的設計，**油箱的容量較小，可行駛距離約300公里，甚至比不上小型轎車**。

*現今的尚比亞共和國和津巴布韋共和國合併後的地區。

# 由摩托車變身成奇怪的武器

## 偉士牌 150TAP

這是法軍的戰鬥車輛：裝上美製火箭筒，安裝在義大利生產的摩托車上。

小檔案

- 全長…約 2m
- 重量…約 1.1m
- 最高速度…60 ㎞/h
- 武裝…M20 75 ㎜無後座力砲

研製：法國

年代：1956年

二戰結束後，法國面臨著嚴重的武器短缺和財政困難，為了應對殖民地頻繁的衝突事件，便製造了150TAP輕型裝甲車。令人驚訝的是，它其實只是**裝了火箭筒的普通摩托車**。

由於火箭筒無法在摩托車行駛時發射，必須先拆卸後才能進行射擊。這是因為火箭筒的後部埋藏在座位的下方，**如果直接發射，就會導致駕駛員的座位著火**。雖然這並不是一種優秀的武器，但由於成本低廉且易於製造，最終仍舊生產了500輛。

# 蠹在神秘中
# 奇怪的球形車輛
## 球形坦克

據推測，這輛車
可能用於偵察和
鋪設通信電纜。

**小檔案**

- 全長…1.7m
- 高度…1.5m
- 最高速度…8㎞/h
- 武裝…無

研製：德國

年代：不明

世界上存在著一些謎之武器，**即使實物真的存在，但對製造者、製造時間和製造目的卻一無所知**，其中就包括——魔球坦克。

魔球坦克使用與車體合為一體的履帶作為動力來源，用後方的小型輔助輪來改變方向。除了外觀和名稱外，對這款武器我們幾乎一無所知。它是1945年在*滿洲發現的，**雖然是德國製造的，但為何會在日軍基地發現，至今仍不得而知。**

＊中國的東北部。

# 第3章

# 奇葩陸地兵器

# 以為只要裝上很多砲塔就能變得很強

## 獨立重戰車

世界各地都誕生了
像我一樣的戰車，
但它們都失敗了…

研製
英國

年代
1925年

### 小檔案

- 全長…7.6m
- 最高速度…32 ㎞/h
- 高度…2.7m
- 乘員…8名
- 武裝…3 磅（47 ㎜）戰車砲 ×1、7.7 ㎜機槍 ×4

## T-35重戰車

研製　蘇聯
年代　1933年

**小檔案**

- 全長…9.72m
- 高度…3.43m
- 最高速度…30.0 ㎞/h
- 武裝…76.2 ㎜ 戰車砲 ×1
  45 ㎜ 戰車砲 ×2
  7.62 ㎜ 機槍 ×6
- 乘員…11 名

將一輛戰車裝備兩個以上的砲塔，稱為「多砲塔戰車」。**通過在左右或後方配置機槍塔來增加火力，從而發展出能從任何角度攻擊敵人的能力**。

1925年，英國開發的獨立重戰車預示了新時代戰車的到來。

然而，**多砲塔戰車最終被證明是種失敗之作**。由於需要安裝多個砲塔，車體勢必變得更大，生產成本也會急速增加。此外，為了減輕重量，裝甲也會變得十分薄弱，且只能裝備小口徑的砲台，**火力上的表現其實並不好**。

英國最終還是取消了這款戰車的量產計畫，但其新穎的外觀卻受到了各國的歡迎，隨後還迎來了一波多砲塔戰車的風潮。

蘇聯的T－35重戰車也是誕生於這波風潮中的重型戰車之一。然而，世界各國競相製造的多砲塔戰車表現都不佳，最終都成為了失敗的作品。

# 設置兩挺機槍，有用嗎？

## A4E10 輕戰車

小檔案

- 全長…4.02m
- 乘員…3名
- 高度…1.74m
- 武裝…7.7㎜機槍×2

研製：英國

年代：1930年代

在任何時代，讓戰車擁有強大火力這樣的需求一直都存在，但過於強調這種需求時，就會出現以下的情況：英國試做的輕型戰車A4E10，它的奇特之處在於居然**將兩挺機槍縱向排列**。

由於結構上的限制，該車僅能容納3人，一人為駕駛，另一人為車長專注於戰鬥指揮；因此，剩下的**槍手就必須獨自操作兩挺機槍**。因此人們便認為正常情況下一挺機槍就夠了，所以這款戰車並未被採用。但令人不解的是，為什麼沒有人在製造前就意識到這一點呢？

# 你喜歡輪胎還是履帶？
## 科洛霍瑟卡

在捷克語中，
「科洛」是輪胎的
意思，「霍瑟卡」
則是指履帶。

小檔案

- 全長…4.5m
- 高度…2.53m
- 最高速度…35 km/h
- 武裝…37 mm 斯柯達步兵砲

研製：捷克
年代：1920年代

「科洛霍瑟卡」是捷克開發的第一輛坦克。這輛坦克具有與其他戰車不一樣的特點——**將履帶和輪胎結合在一起**。

以履帶作為動力來源的坦克，速度通常比藉由輪胎來運動的汽車慢。**行駛在一般的道路上時，科洛霍瑟卡可以換上輪胎，以便像四輪車一樣快速移動**。

但由於引擎的性能不足等問題，導致該坦克的開發時間超過10年。在此期間，這樣的設計理念已經過時，因此並沒有進行更多的開發。

# 真的很強嗎？獨享的戰車

## 單人坦克

一個人的時候，
非常孤獨……
H.A.
36

研製：德國、義大利

年代：1916～30年代

**霍爾特 HA36 戰車**

小檔案

- 全長…約 1.8m
- 高度…約 1.2m
- 重量…不明
- 武裝…無

製造一輛戰車需要耗費大量的資金。為了以低成本來進行大量生產，許多國家開始嘗試將戰車小型化。**極端的想法就是「單人坦克」**。

單人坦克首先出現在1916年，由德國霍爾特公司所開發的霍爾特HA36。當時第一輛戰車——馬克I（英國）剛剛投入實戰。**這款縮小到一人乘坐的坦克著實令人驚艷**。但這輛坦克並非鐵製的，而是木製的，且**所有的武器裝備都是虛構的**。即使裝備了武器，想要單靠一個人來操作顯然是無法應付的。

隨著時間的推移，到了1935年，義大利開發了「安薩爾多MIAS」作為單人坦克的終極形態。第一次世界大戰結束後，義大利專注於開發廉價的量產武器，包括豆型坦克（一種供2～3人乘坐的小型坦克），而MIAS就是這個概念下的最終產物。士兵可以蹲在後方駕駛，由汽油引擎驅動。然而，**這麼小的車輛作為武器是沒有實用價值的**，因此慘遭淘汰。

安薩爾多 MIAS

**小檔案**

- 全長…約 1.1m
- 高度…約 1.1m
- 重量…不明
- 武裝…6.5 mm機槍 × 2

# 一個人的能力是有限的，不是嗎？

## 赫查默全地形坦克

研製

德國

年代

1937年

小檔案

- 全長…約 3m
- 高度…約 30 cm
- 重量…不明
- 武裝…7.7 mm MG34 機槍

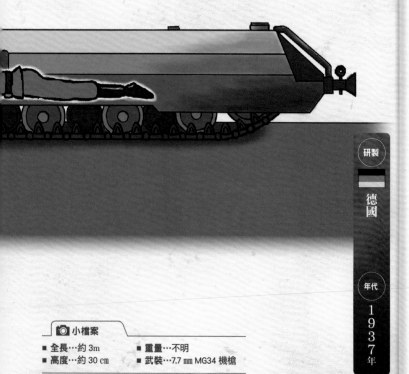

德國的馬特烏斯．霍赫默博士計畫設計一種特殊的全地形單人坦克，即使是放在單人坦克中，也顯得非常奇特。

這輛坦克的設計主要在於「極限」降低了車身高度，以便在移動時不易被敵人發現。**駕駛員需要趴在車內，用腳上的踏板來操縱坦克，並以前方的機槍來進行射擊**。車身前方裝有推土板，可在前進時推開土壤。

然而，這輛坦克的**駕駛視野非常狹窄，很難準確瞄準目標進行射擊**。此外，由於該車的操作方式過於困難，無法由一名駕駛員單獨應對，因此，該車並未被製造出來。

現在，世界上並不存在靠單人操作的坦克！

# 無論是在地面還是空中無所不能的戰車

## 獵鷹 / 銳步 合體戰車

下半部 銳步

研製
美國

年代
1950年代

小檔案

- 全長⋯約4m
- 高度⋯約 3m
- 最高速度⋯不明
- 武裝⋯無

在虛構的世界中，經常會出現可以分離和合體的機器人；但在現實生活中，**美國還真的開發過具有這類功能的高科技合體戰車。**

合體戰車分為能短時間飛行的上半部「獵鷹」和行駛於地面的下半部「銳步」，是種能在戰場上自由分離、合體的戰車。這是為了在不依賴飛機的情況下進行空中偵察而設計的。**獵鷹具有懸停功能，可以用火箭彈攻擊地面的敵軍。**

然而，開發這種武器需要花費大量的資金，將資金用在一般戰車的生產上或許更為划算，因此這款戰車並未投產。**夢幻般的超級武器最終還是敗給預算限制。**

感覺像是科幻小說中的超級武器，真讓人興奮啊！

上半部 **獵鷹**

**小檔案**

- 全長…約 2m
- 高度…約 3m
- 最高速度…160 km /h（空中）
- 武裝…114 mm火箭彈 ×10
  7.62 mm機槍 ×1

奇葩度

# 追求最強戰力
# 戰車的末路
## FV4005 驅逐戰車

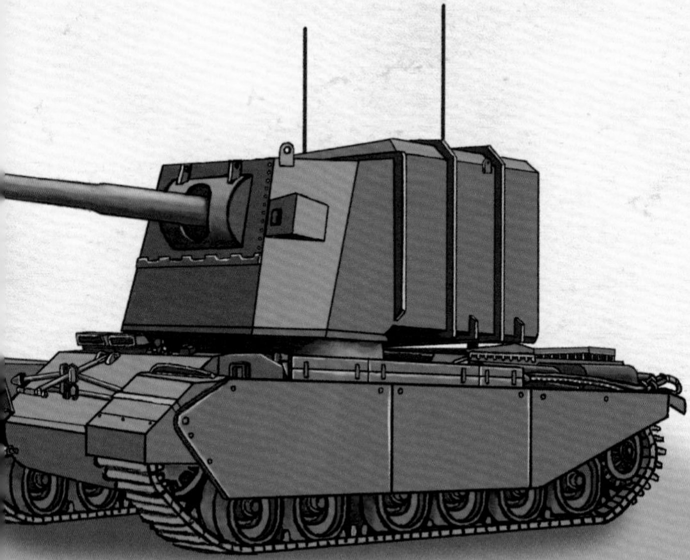

研製
英國

年代
1950年代

**小檔案**

- 全長…7.82m
- 高度…3.6m
- 乘員…5名
- 武裝…QF 183 ㎜ L4 戰車砲

「最強」這個詞總是讓人心動不已。如果**存在一輛擁有最強火力的戰車呢**？英國還真的認真嘗試實現過這個目標。

FV4005是英國為了對抗蘇聯的重型戰車而製造的超強火力戰車。為了實現這個目標，它**裝備了世界上最大的183mm砲**，遠超當時英軍所擁有的百夫長主力戰車（Centurion，配備120mm砲），希望能在對抗蘇聯時取得壓倒性的優勢。

然而，由於無論如何都無法讓巨大的火砲與戰車車體相配合，導致砲塔變得異常的巨大，外觀看來十分的笨重。為了減輕重量，砲塔的裝甲只有14mm，**一旦受到攻擊幾乎就劫難難逃**。此外，當時的戰車標準配置──自動裝填裝置也因太過龐大而無法搭載，*重約100公斤的彈藥必須由裝填手以人力完成裝填。由於空間問題只能攜帶12發砲彈。問題實在太多了，這款戰車最終當然被淘汰了，僅保留了「裝載最大戰車砲」的頭銜。**這個記錄至今仍未被打破**。

要是實現了，
就是件
了不起的事。

*還特別配備了兩名裝填手，但仍顯得杯水車薪。

# 坦克變身為戰鬥機！荒誕的蘇聯飛行坦克

## MAS-1

大家都夢想著
把坦克飛上天空嗎？
CCCP

研製

蘇聯

年代

1937年

### 小檔案

- 全長…不明　　■ 高度…不明
- 最高速度…190 ㎞/h（履帶）200 ㎞/h（飛行）
- 武裝…12.7 ㎜ DK 機槍 ×2
  7.62 ㎜ ShKAS 機槍 ×1

坦克由於存在著運輸困難的缺點，因此很多人都曾想過把翅膀裝在坦克上，直接飛到戰場上。這些計畫都以失敗告終。而這款MAS－1飛行坦克卻是一款與眾不同的武器，擁有令人難以置信的設計。它竟然**可以變身成戰鬥機，真是個令人難以置信的設計**。

這輛車是由米莎．斯馬爾科博士所設計，是款將坦克和戰鬥機結合在一起的合體武器。在地面上它像普通的坦克一樣，但**起飛時會褪去履帶，以輪胎快速加速，展開摺疊翼後便可飛上天空**，是個非常神奇的設計。考慮了空氣動力特地將車身設計成流線型，還配備了**3門機槍以便對敵機進行射擊**。

然而，由於設計過於荒謬，計畫很快就被取消了。最主要的原因是──**坦克本身就不適合飛行**。此外，操作人員還必需接受坦克和飛機的雙重訓練；摺疊翼也會妨礙到地面上的行駛等問題，這讓該計畫最終只能成為空想。

# 請在車外進行裝填

## M50 自走無後座力砲

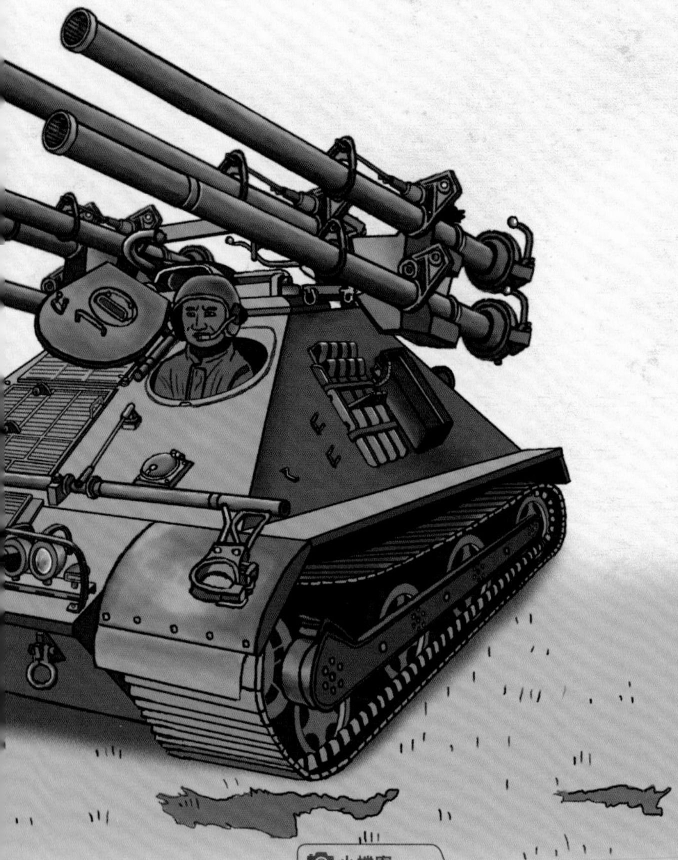


研製

美國

年代

1955年

小檔案

- 全長…3.83m　　■ 高度…2.131m
- 乘員…3名
- 武裝…M40 106 ㎜ 無後座力砲 ×6
  12.7 ㎜ 觀測槍 ×4
  M1919A4 機槍 ×1

有些武器會被用在與當初設計完全不同的情境中。美國所開發的M50奧特斯反坦克車就是其中之一。它裝備了6門無後座力砲，**原本計畫利用其小巧的車身來進行埋伏攻擊**。

但由於M50的小巧和強大的火力，因此被當成對付步兵的武器，用來**與友軍合作攻擊敵方的步兵**。在這樣的使用場景中，這輛車的致命問題就變得顯而易見了。

按照原本的方式使用，就不會有任何問題了…

問題在於，當所有6發砲彈都射完後，**人員必須下車來裝填砲彈**。原本是用來對付坦克的，射完砲彈後就可以立刻離開，這個問題影響並不大。但在**面對步兵時，遇到需要裝填砲彈的場景，下車的人員就容易成為攻擊目標**，這就成了一個棘手的問題了。此外，主砲發射時的爆風也很大，容易造成友軍的困擾，使這輛車成了一種令人遺憾的武器。

# 即使在水中也可以發射魚雷

## 特四式內火艇

研製
日本

年代
1944年

小檔案

- 全長…11.0 m
- 高度…4.05m
- 乘員…5 名（可運送 40 名人員）
- 武裝…九三式 13 mm 機槍 ×2
  九一式 45 cm 魚雷 ×2
  （也有一說是八年式 61 cm 魚雷 ×2）

引擎聲太過喧囂，因此
獲得了不受歡迎的別
名——牛蛙王。

Katsu是日本海軍所開發的一款特殊車輛，稱為內火艇。在向南方島嶼運送補給物資時，可能會在敵軍的攻擊下遭到破壞，這款車**可以直接在水中發射魚雷，還能自行登岸將物資送到友軍手中**，可載運4噸物資或20名士兵。

內火艇被當成水陸兩用的魚雷艇使用，計畫在車上**裝載兩枚魚雷，從水下對敵艦進行突襲**。

這樣的計畫看起來非常荒謬。

由於該車從潛水艇發射需要20分鐘以上的準備時間，如果發射過程出問題就可能被敵人發現，風險非常高。此外，履帶的強度不足也導致在岩石上行走時容易損壞，**過大的引擎聲更不利於突襲行動**。種種原因讓該計畫最終被取消，這款車輛也沒有投入使用過。

# 奇異武器！
# 澳大利亞的驚奇戰車
## 輕型戰車 草蜢

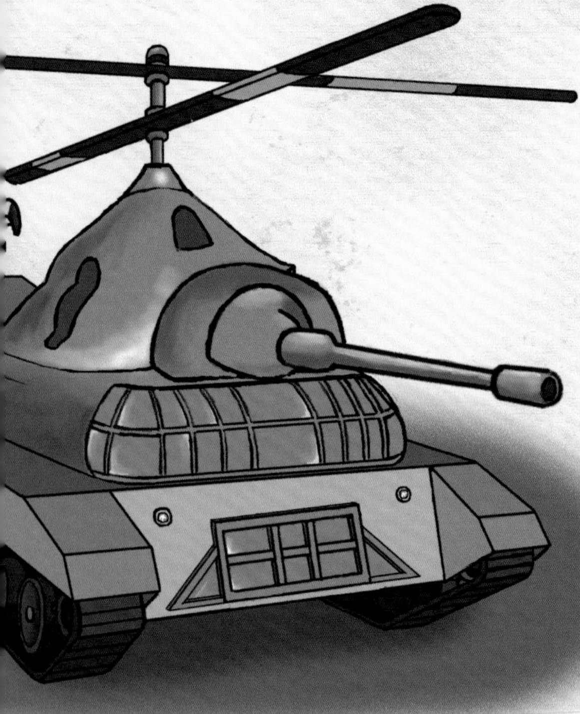

研製

澳大利亞

年代

1943年

小檔案

- 全長…8.2 m
- 高度…不明
- 最高速度…不明
- 武裝…不明

在二戰期間，澳大利亞迫切需要戰車加入戰局，因此出現了各種的戰車設計方案，其中一個引人注目的奇葩設計就是輕型戰車——草蜢。

這輛戰車外觀看起來像是戰車和直升機的結合體，可以**跳躍飛越敵方障礙物**。同時，砲塔後部還裝備了防空機槍，以應對來自空中的敵機，**使其成為一款無論是在空中還是在地面都無懈可擊的萬能戰車**。

然而，這輛戰車的評價卻非常糟糕。首先，為了在降落時保持視野清晰，戰車前部設有玻璃窗，**這讓本應該以堅固裝甲為優勢的戰車變得毫無意義**。

此外，在飛行時幾乎沒有防禦力，在戰場上過於顯眼也是一個問題。而砲塔後部的防空機槍是固定、無法轉動的，**一旦開火就可能打壞自己的主翼，甚至可能造成墜毀**。

由於這些問題，這款戰車的研發計畫很快就被取消了。

# 我會用圓滾滾的裝甲保護你

## 旋轉戰車 摩德拉

研製
澳大利亞

年代
1943年

小檔案

- 全長…不明
- 最高速度…不明
- 高度…不明
- 武裝…不明

如果把坦克做成圓形，防禦力就會大於提高，這種想法在澳大利亞的摩德拉旋轉戰車上，被推向了極致。

這輛戰車的特點就是它的外觀，**就像一個圓形的饅頭**。圓滾滾的裝甲包裹著整個車身，這是種全新的設計。因為有著旋轉戰車的別名，乍看之下覺得似乎可以滾動前進；**但實際上，這輛戰車是上半部可以360度旋轉，看起來就像是在轉圈圈，因此才有「旋轉戰車」的稱號**。

這是個非常具野心的設計，但問題也相當多。由於這輛戰車將履帶藏在裝甲下方，**當行駛在崎嶇的路面時，是無法越過障礙物的**。此外，由於過度執著於讓車身保持圓滑，因而**一直都沒有找到人員要如何進出戰車的方法**。這些根本性的缺陷讓這輛戰車連試作都未曾進行。

# 由大學生幻想出來的超巨型陸基巡洋艦

## 達布列托夫的巡航戰車

小檔案

- 全長…40m
- 重量…2,500t
- 最高速度…40 km/h
- 乘員…100 名
  （4 萬名兵士、16 輛戰車）
- 武裝…500 mm 榴彈砲 ×3
  150 mm 戰車砲 ×2
  75 mm 戰車砲 ×10
  120 mm 防空砲 ×3
  7.62 mm 機槍 ×20

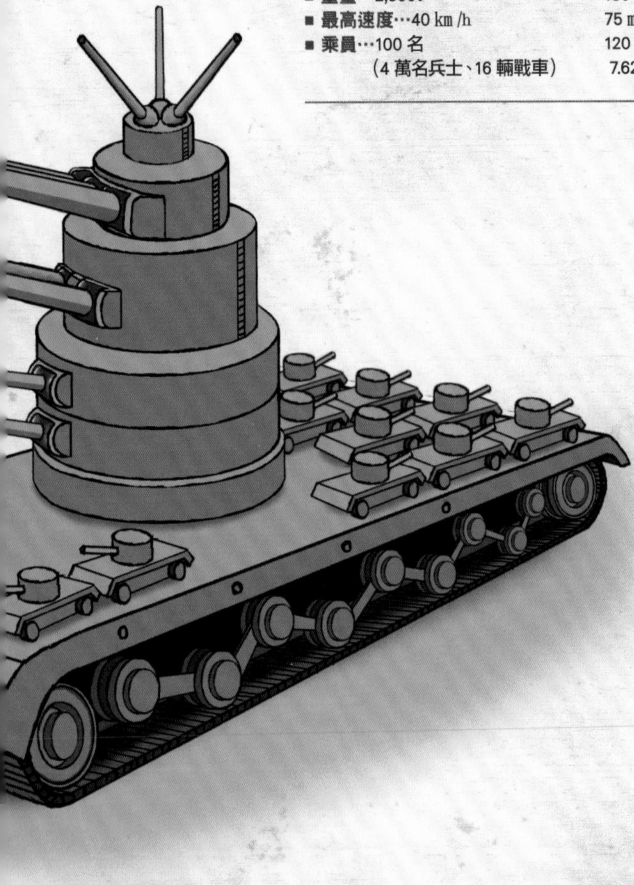

研製
蘇聯

年代
1941年

在德國即將和蘇聯對決的第二次世界大戰前夕——1941年4月，蘇聯國防人民委員部收到了一封奇怪的信函。寄件人是斯大林格勒機械工程研究所的大學生G．D．達布列托夫。為了應對即將到來的蘇德會戰，**他希望能製造一種他心目中最為強大的武器**。

這款武器稱為「達布列托夫的巡航戰車」，它是個符合「**世界最強武器**」名號的怪物。長達40公尺的巨大身軀，除了18門火砲外，還能**搭載16輛坦克和4萬名士兵。根據達布列托夫的說法，如果製造100輛，並投入1600輛坦克和400萬名士兵的話，蘇聯就一定能打贏這場戰爭**。此外，這款戰車還具有水陸兩用功能，如果將搭載的坦克全部換成魚雷艇的話，還能與敵人進行艦隊決戰。

然而，國防人民委員完全沒有理會達布列托夫的提議，**還是像往常一樣繼續製造普通的戰車**。

從這個角度來看，即使造出這樣的怪物，那要怎麼移動它呢？

# 無法看清周圍環境的導彈戰車

## Object 775

這看起來像是一種錯覺，
但……你的確沒看錯。
775

**小檔案**

- **全長**…6.2m
- **高度**…1.75m
- **乘員**…2名
- **武裝**…D-126 125 mm導彈、7.62 mm PKT 機槍

研製：蘇聯

年代：1964年

二戰後，隨著導彈作為一種武器，蘇聯開始研發能夠發射導彈的坦克，這就是775號計畫。**為了讓坦克不被敵人發現並使用導彈摧毀目標，這輛坦克的車高被降到了極限，呈現出十分奇特的外觀。**

然而，在實際的測試中，這輛坦克確實難以被敵人發現，**但由於車高過低，視野也變得極差（無法俯瞰戰場），最終被遺憾地淘汰了。**

# 第4章

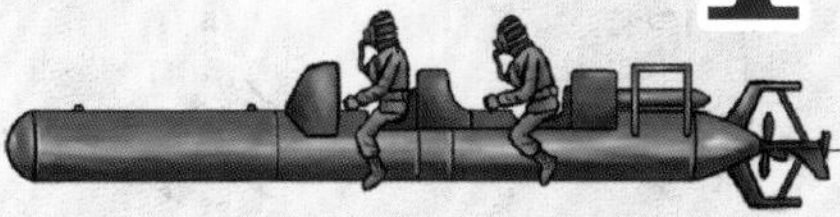

# 奇葩海上兵器

# 水上方形砲台
## 四角砲艦普拉姆

研製
俄羅斯帝國

年代
1700年代

小檔案
- 全長…不明
- 高度…不明
- 武裝…大砲

在各式軍艦中，俄羅斯帝國有艘十分獨特的船，名為諾夫哥羅德（Novgorod）的圓形砲艦。這艘船因其圓形船體而聞名，但在這之前，俄羅斯帝國還曾經製造過**方形的軍艦**。

「普拉姆」原本是指一種類似渡船、用於淺水河流和運河的手槳船。自18世紀以來，俄羅斯帝國開始放大這種船隻，並裝載了大砲，試圖將其打造成移動砲台。這就是俄羅斯版的「普拉姆」。

該船雖然有桅杆，被視為是一艘船，但由於沒有動力，**必須由其他船隻來牽引移動**。儘管無法自主移動，但普拉姆的火力卻十分強大，據說曾在海上攻擊敵方要塞時發揮了關鍵作用。

這是一艘威力強大的船，但卻無法移動。

# 用衝撞解決所有問題的野豬艦

## 水雷衝角艦 波利菲姆斯

對於普通的海戰來
說，完全毫無用處。

研製

英國

年代

1882年
（完成）

### 小檔案

- 全長…73 m
- 排水量…2,640t
- 最高速度…17.8 節（32.9 ㎞/h）
- 武裝…14 吋魚雷發射管 ×5

在大砲和魚雷發明前，軍艦的攻擊主要是使用巨大的突起——衝角，來對敵船進行碰撞的「衝角戰法」。隨後，隨著魚雷的發明，英國開始考慮使用水雷衝角艦來進行攻擊，也就是**在艦首搭載魚雷對敵艦進行突擊，再以衝角衝撞敵艦**。

波利費摩斯看起來像是一艘普通的船隻，但重點是水線下的部分，**將艦首擴大成衝角，並在這裡配置魚雷**。

該艦原本預期對停泊中的艦隊進行突襲，**但因為沒有配置任何大砲，這種簡潔的設計反而成了失敗的來源**，使它成為一艘完全無法使用的軍艦。

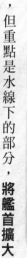

# 真的需要這門主砲嗎？
## 巡洋潛水艦 斯魯克夫號

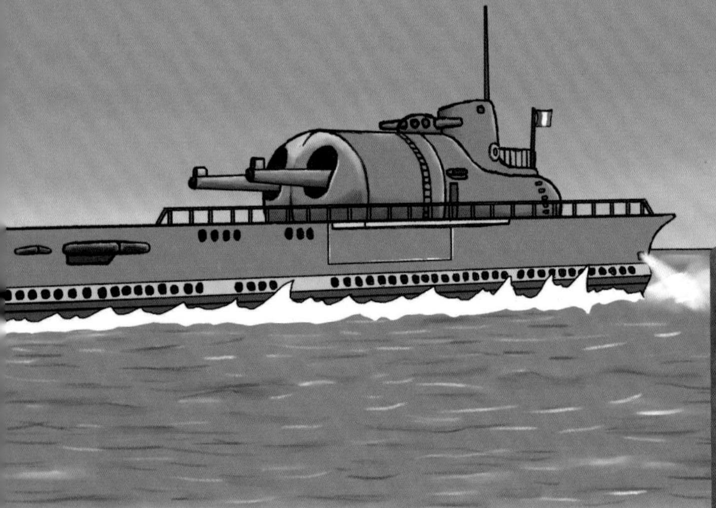

研製
法國

年代
1934年（完成）

### 小檔案

- 全長…110m
- 最大速度…水面 18.5 節（34.2 ㎞/h）
  水中 10 節（18.5 ㎞/h）
- 排水量…3,250t（燃料滿載）
- 武裝…50 口徑 20.3 ㎝ 連裝砲 ×1
  55 ㎝ 魚雷發射管 ×8
  40 ㎝ 魚雷發射管 ×1
  奧蒂基斯 37 ㎜ 單裝機砲 ×1
  奧蒂基斯 13.2 ㎜ 連裝機槍 ×2

與現代潛艦不同，舊時代的潛艦通常都是在水面上航行的，只有在必要的時候才會潛入水中。在水面上航行時如果遇到敵人，當然就會開火戰鬥了。因此，法國海軍開發了一種**配備主砲的大型潛水艦**，以便在水上進行戰鬥，這就是斯魯克夫號。

但這門主砲從未在實戰中使用過，原因在於其巨大的尺寸。當龐大的斯魯克夫號浮出水面準備開火時，需要一定時間，這會讓斯魯克夫號變得毫無無防備。此外，發射砲彈時船體還會嚴重搖晃，導致**命中率非常低**，這也是個大問題。

斯魯克夫號曾於二戰初期參與作戰，但在1942年因碰撞事故而沉沒。

這是用來攻擊航行中的船隻，但感覺實在太巨大了……

# 將底部加長就不怕潛水艇了嗎？

## 縱型反潛哨戒艦

小檔案
- 全長…不明
- 高度…不明
- 武裝…不明

研製：美國

年代：1950～1960年代

無論是現在還是過去，潛水艇一直都是海上的一大威脅。特別是在第二次世界大戰後，隨著核動力潛艦的出現，讓潛艦能更深、更靜地潛行。

這樣一來，想要從水面探測潛艦就變得十分困難。因此，美國提出了將**船艦底部延長100公尺的計畫，以便在更深的位置使用聲納**。於是，垂直式反潛巡邏艦應運而生。

但這種設計帶來許多問題。首先，由於這種「高度」設計，**使船艦無法入港**。此外，**水下的噪音也變得更加嚴重，反而容易被潛艦發現並逃脫**。因為無法發揮其優勢，最終導致該計畫中止。

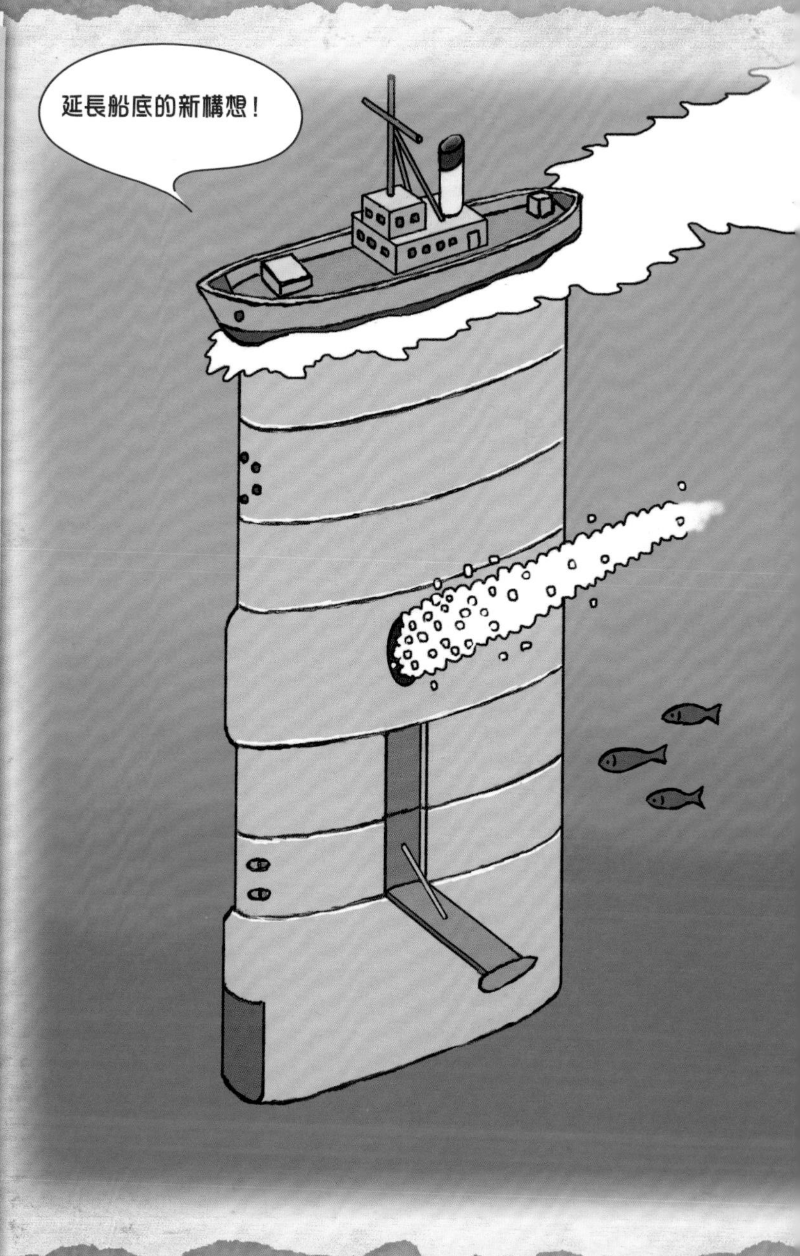
延長船底的新構想！

# 浮在海上就會被腐蝕，對海水極為敏感的荒謬船隻

## G-5 級高速魚雷艇

會不會是因為是專門
從事飛機的公司設計

研製
蘇聯

年代
1934年

**小檔案**

- 全長…19m
- 排水量…16.26t
- 武裝…53 ㎜ 魚雷發射管 ×2
  12.7 ㎜ 機槍 ×1

魚雷艇是指為了在水上高速移動、發射魚雷後立即離開而開發的船艦。

蘇聯計畫大量生產這種魚雷艇，並委託知名的圖波列夫飛機製造公司進行設計。G－5級魚雷艇採用流線型船體以發揮高速性能，**最高速度可達53節**。

但實際測試後卻意外的出現了問題。為了滿足對速度的渴望，魚雷艇使用了飛機上常見的材料——鋁鎂合金來製作船體。**但這種材料對海水極為敏感，驚人的是，如果長時間浸泡在海水中，一週內船體就會因為腐蝕而滿是坑洞**。

儘管這是一款有缺陷的武器，但由於蘇聯已經沒有其他的替代方案了，所以到了1950年還是生產了300多艘。

奇葩度 ☹

# 世上最小的航空母艦
## 水上飛機艦萊特

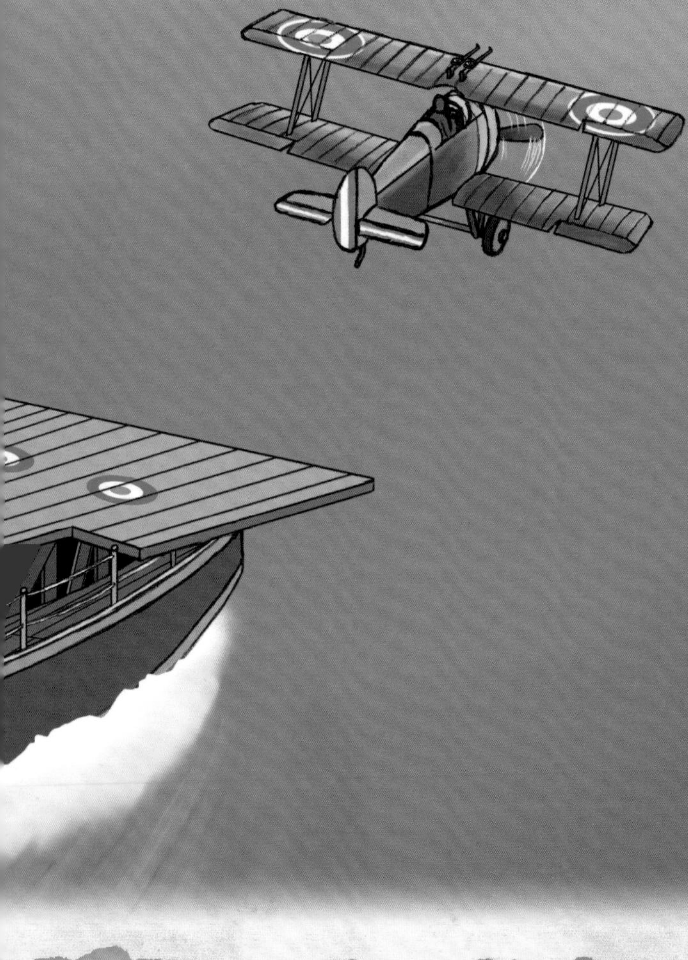

研製

英國

年代

1918年（完成）

當飛機開始出現在戰場上時，人們就曾嘗試過幾個在海上發射飛機的方法。英國的「水上飛機艦萊特」就是其中一個例子，或許可以稱這艘軍艦為**世界上第一艘也是最小的航空母艦**。

這艘軍艦在不到20公尺的小船上設有飛行甲板，可以被其他船快速拖曳，從而讓部署在甲板上的一架飛機起飛。起飛後的飛機原本打算進行艦隊的防空和偵察，**但卻發現無處降落**，因此需要開發出能夠起降飛機的大型軍艦。這就是現今仍在使用的「航空母艦」的前身。

從某種程度上來說，海上飛機艦萊特可以被視為是航空母艦的始祖。

**小檔案**

- 全長…17.68m
- 全幅…4.88m
- 武裝…無

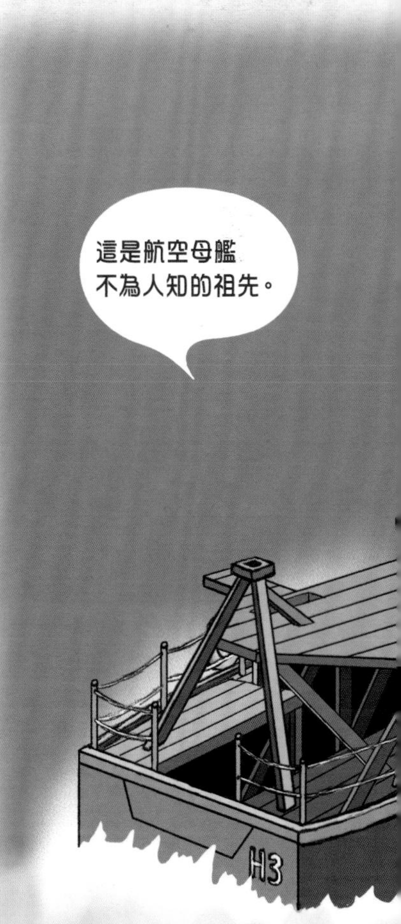
這是航空母艦
不為人知的祖先。
H3

# 浮在水面上的巨大水車
## 納普的滾輪船

這種移動方式，
前無古人，後無來者！

研製

加拿大

年代

1897年

小檔案

- 全長…33m
- 直徑…6.7m
- 最大速度…4節（7.4㎞/h）
- 武裝…無

船體浸入水中的表面積盡可能地減少，這樣船可以更快地前進，不會受到水的阻力影響。加拿大人弗雷德里克・納普（Frederick Nap）注意到了這一事實，他想到**像水車那樣旋轉整艘船，利用其推進力在海上快速移動**。於是，納普創造出了這個「滾輪船」。它在巨大的圓筒中央裝有槳，**通過蒸汽來旋轉船的外部以便產生推進力**。根據他的計算，最高速度竟然可以達到＊104節。即便是現代的造船專家也會對這種無法實現的超高速度感到驚訝。

滾輪船在安大略湖上進行了試航，受到了觀眾的歡迎。但試驗結果遠遠低於納普所預期的速度，僅為4節（7公里）。**原因很簡單，因為船本身也有重量**，但他完全沒有考慮到這會減慢速度。納普堅稱這是**因為引擎的性能不足**，但失敗是無法否認的。此外，納普原本計畫把這艘滾輪船推銷給美國海軍，但並沒有成功，滾輪船最終淹沒在歷史的洪流中。

＊換算成時速約為192.6公里，這和新幹線的速度差不多。

# 用魚雷驅動的雙人水下滑浪器

## 馬雅雷、戰車

馬雅雷

| | 研製 | 義大利 | 年代 | 1939 |
|---|---|---|---|---|

小檔案

- 全長…7.30m　■ 乘員…2名
- 最高速度…水中 3 節（5.56 ㎞ /h）

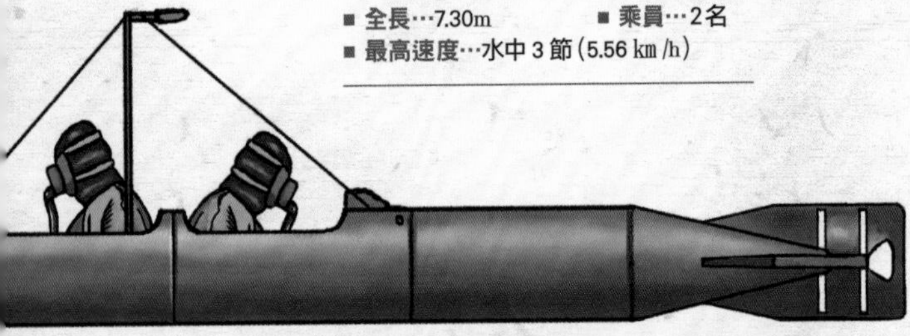

戰車

| | 研製 | 英國 | 年代 | 1942～1944年 |
|---|---|---|---|---|

小檔案

- 全長…9.3m　■ 乘員…2名
- 最高速度…4.5 節（8.3 ㎞ /h）

**有一種武器是在魚雷上安裝座艙，讓人可以坐在上面進行移動。**這就是由義大利所開發的「馬雅雷」。

這種武器被稱為「人魚雷」，但並不是指讓魚雷和人撞在一起。這是一種利用魚雷的推進力而非爆炸力的水下滑浪器。**乘員穿著潛水服，搭乘馬雅雷潛入敵方港口，在敵艦底部安裝定時炸彈後迅速離開。**

英國後來也意識到了馬雅雷的實用性，並**開發了一種類似的特種潛水艇，稱為「戰車」**。雖然馬雅雷和戰車的構想非常奇特，但它們實際上取得了一些戰果，這是值得肯定的。

由於尺寸夠小，成了一款非常適合秘密行動的武器。

# 次世代戰艦的標竿
## 茲姆沃爾特級驅逐艦

研製
美國

年代
2016年（一號艦完成）

小檔案

- 全長…183m
- 排水量…14,797t（滿載）
- 最高速度…30.3節（56.1㎞/h）
- 武裝…AGS 62口徑155㎜單裝砲×2
  30㎜機砲×2
  ESSM短程SAM飛彈
  戰斧巡航飛彈

21世紀，美國海軍投入巨額預算開發的創新軍艦——朱姆沃爾特級導彈驅逐艦。這艘驅逐艦專注於現代戰爭所需要的**從海上對地進行打擊**的能力，裝備了新型的＊ＡＧＳ砲，船體採用扁平且獨特的形狀以具備隱匿性。此外，艦內還搭載了超級電腦，實現高科技的艦隊防禦，以求打造出一艘無敵的軍艦，本來是這樣預期的。

**但開發過程卻遭遇了重重困難。**

首先，**ＡＧＳ砲彈的開發失敗，導致即使裝備了主砲，也無法發射彈藥，形同裝飾品**。同時，超級電腦的開發也失敗了，原本應該搭載的**最新、最尖端的導彈相繼被取消**。還因為大幅的預算削減，使得這艘艦艇失去了存在的意義，成了因**過度關注先進技術而最終導致失敗的典範**。

＊透過火箭和全球定位系統（GPS）導引，以提高射程和威力的新型砲彈。

# 因過重而在處女航時沉沒

## 戰列艦瓦薩

雖然沉沒了，但變
成了博物館，所以
結果還算可以吧？

小檔案

- 全長…69m
- 高度…52.5m
- 排水量…1,210t
- 武裝…24 磅砲 ×48 門
  3 磅砲 ×8 門
  1 磅砲 ×2 門
  榴彈砲 ×6 門

研製：瑞典

年代：1628年

戰列艦瓦薩是瑞典於1628年建造的大型軍艦。這艘奢華的帆船是在當時的國王古斯塔夫二世阿道夫的支持下建造完成的，為了給其他國家施加壓力，它**裝備了64門大砲，並裝飾著美麗的雕刻**。由於瓦薩的重量太大，船體無法支撐，在進行處女航時，**受到側風影響，立即翻覆沉沒了**。

333年後的1961年，瓦薩被打撈上來，**變成博物館**，吸引了許多遊客。

# 第5章

# 奇葩
# 飛天兵器

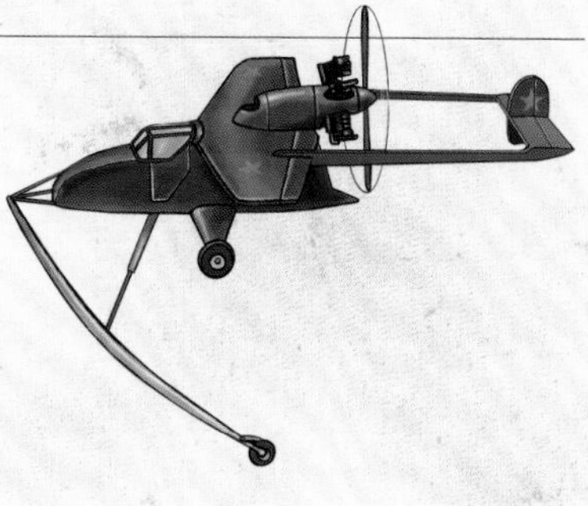

# 背後的螺旋槳真的很危險！別被捲入！

## 斯帕德 A.2

研製

法國

年代

1915年

小檔案

- 全長…7.85m
- 最大速度…140 ㎞/h
- 高度…2.6m
- 武裝…7.7 ㎜路易斯機槍 ×1

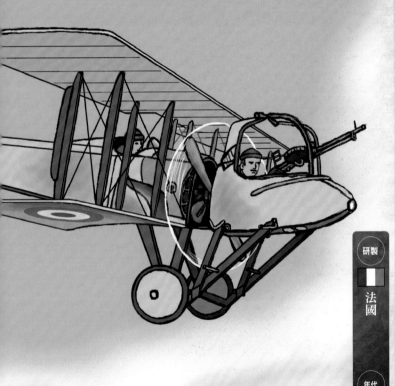

第一次世界大戰中出現了專門用來擊落敵方飛機的「戰鬥機」。然而，因為飛機上有個大螺旋槳，一般來說，如果直接射擊的話有可能會打壞螺旋槳。那麼該在哪裏安裝機槍呢？答案有很多，可以裝在螺旋槳引擎中、機翼中等等，但**法國對這個問題給出了一個零分的答案**。這就是斯帕德A・2。

這款戰鬥機在螺旋槳前方設置了專用座位，以便安裝機槍。如此一來螺旋槳就不會被打壞了，但如果放置這個東西，就會增加風的影響，使飛機的性能變差，而且還會被巨大的風切聲遮蔽，很難和駕駛員進行交流。最重要的是，開槍的人會發現**自己是坐在高速旋轉的螺旋槳前面，如果被捲入的話，就會發生嚴重事故**。

乘坐過這款飛機的飛行員也對此感到不滿，很快就換成其他戰鬥機了。

這架戰鬥機對飛行員真的很不太友善呢…

# 如果有輔助輪就不可怕了！

## 莫斯卡列夫 SAM-23

是「飛」在空中？
還是在地面「奔跑」？

研製

蘇聯

年代

1920年代

**小檔案**

- **全長**…7.2m
- **全幅**…5.6m
- **最大速度**…180 km /h
- **武裝**…20 mm ShVAK 機砲 ×2
  7.62 mm ShKAS 機槍 ×2
  火箭彈 6 發炸彈 400 kg

戰車雖然在陸地上堪稱無敵，但卻無法抵擋住來自空中的攻擊。第一次世界大戰後，各國開始研發**使用飛機機砲來攻擊地面目標的「對地攻擊機」**。

然而，要使用飛機的機砲從空中攻擊地面目標，就必須將飛機下降至10公尺以下的高度。**低空飛行的飛機墜毀的風險相當高，也不容易操縱**。

因此，蘇聯特地在**飛機上裝設了一個長長的「輔助輪」，以確保低空飛行時飛機能保持穩定**。這就是莫斯卡列夫SAM—23。這個「輔助輪」長達4～5公尺，平常收起來做為尾輪使用，當飛機降落時則可以在地面上「行走」。

實際飛行後發現，輔助輪會因為地面上的起伏而影響到飛機的操控，使得飛行變得困難。此外，如果**地面上有電纜等障礙物，輔助輪可能會因此被纏住，導致飛機傾斜、墜毀的風險大增**。這架飛機因為操作過於危險而被迫取消計畫。

飛機是用來「飛行」的。

# 大小並不是重點

## 卡里寧 K7

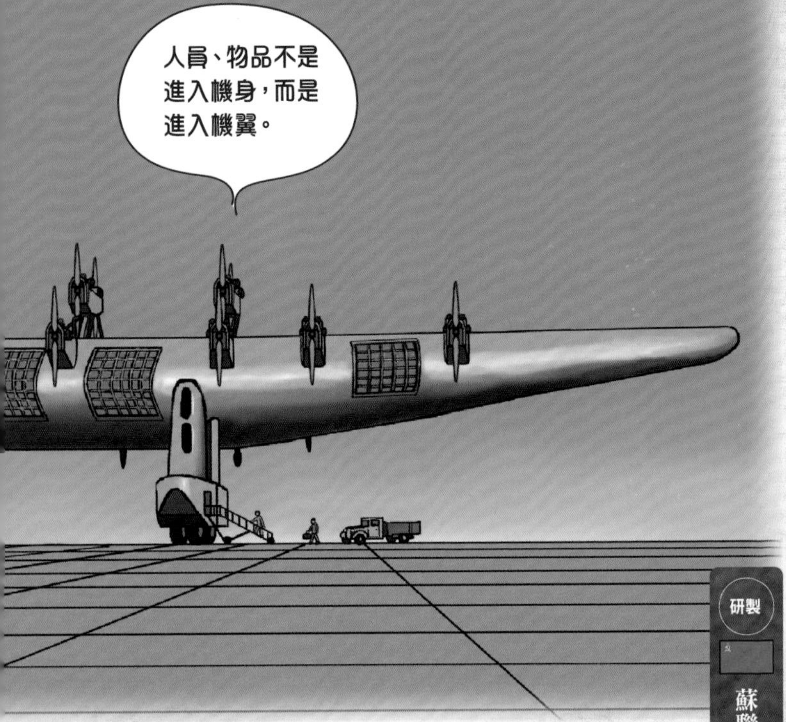
人員、物品不是
進入機身，而是
進入機翼。

研製

蘇聯

年代

1933年

　做出世界上最大的飛機，這是無論哪個國家，都會想挑戰一次的夢想。蘇聯所開發的卡琳Ｋ７也是**世界最大的飛機**之一。

　它的規模遠遠超出一般的飛機。特別是翼展，達到了53公尺。這相當於**一棟12層高的建築物大小，這在當時創下了世界最大翼展的記錄**。

小檔案

- 全長…28.0m
- 翼長…53.0m
- 高度…12.4m
- 最大速度…234 ㎞/h
- 最大載重量…炸藥 9,000 kg 或乘客 120 名

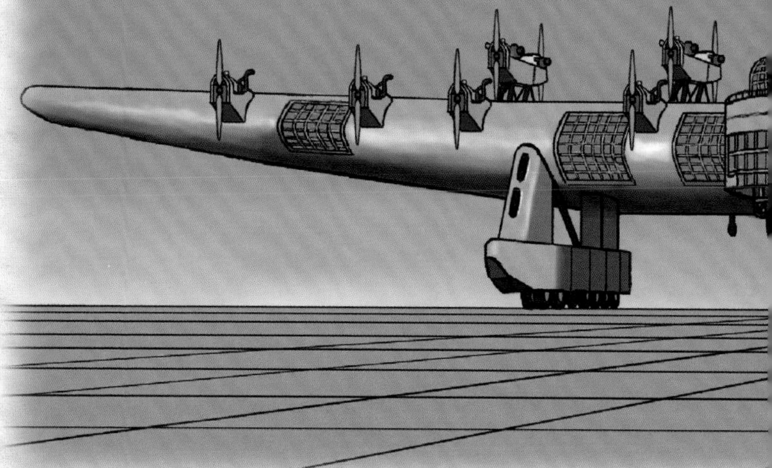

為了支撐起這麼長的主翼，它**裝載了七個螺旋槳和20個發動機**。這款飛機可用於軍用和民用，**能在主翼內運載**9000公斤的炸藥或是120名乘客。

儘管從外觀看來不太可能，但它似乎還是能夠飛行的。但是運用這種超出常理的巨型飛機實在有些困難，最終，這架飛機並未被採用。

# 鋒利的機翼是武器
## 格羅霍夫斯基 G-39 蟑螂

給自己國家的戰鬥機
取名為「蟑螂」，這我
實在是無法理解……

研製：蘇聯

年代：1935年

**小檔案**

- 全長…8.84m
- 翼長…6.80m
- 最高速度…195 ㎞ /h
- 武裝…鋼絲切割器 ×1

戰鬥機通常會使用機槍或是機砲來擊落敵機。但有架飛機是基於一個非常奇特的想法來攻擊對手的，它可以**用銳利的機翼來「切割」敵人**。這架飛機就是蘇聯的G－39庫卡恰。

這架飛機完全沒有搭載機槍，而是**用自己的機翼來進行攻擊，真是一款奇特的戰鬥機**。機翼大大向後斜，這是為了**在機頭和機翼末端拉上鋼絲，以便衝向敵人，切斷他們的機翼。尖銳的機頭也被設計成鋼鐵刀刃，即使機翼上的鋼絲斷裂，還可以利用機頭來刺穿敵人的機身**，這真是一個很極端的戰術。

然而，不知道是幸還是不幸，這架飛機**從未成功進行過試飛，計畫最終被取消了**。這個名為「庫卡恰」的名字在俄語中是蟑螂的意思，原型機看起來真的就像隻昆蟲。

# 本身就是巨大的螺旋槳

## 帕平和羅利的陀螺機

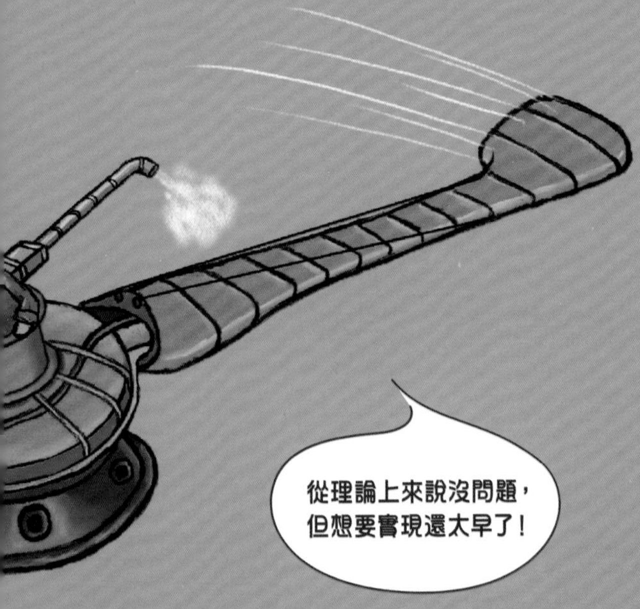
從理論上來說沒問題，
但想要實現還太早了！

研製

法國

年代

1915年

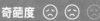

**小檔案**

- 全長…5.9m
- 全幅…1.33m
- 武裝…無

這個兵器是由法國的帕平和羅利共同開發的直升機。其獨特的機制是**以機身的中央為支點，後面裝有一片葉片，轉動這片葉片後就成了螺旋槳，讓機體可以飛起來**。然而，這個機制對機身產生的升力較少，即使能夠飛行，也**僅僅是勉強浮起來而已**。在試飛過程中，雖然在海上稍微移動了一下，但最終還是墜入海中全毀了。

目前，稱這種機體為「陀螺機」，有時會用於無人機的設計上。

**因為無人機小巧輕盈，即使是陀螺機的設計也能穩定地飛行**。帕平和羅利的飛行器理念，實際上要等到**100多年後才得以實現**。

# 無人能控制的戰鬥機
## 空速 AS-31

我到底要怎麼樣
才能起飛呢…
HR
O
N

研製
英國

年代
1936年

小檔案

- 全長…9.0m
- 最高速度…563 km/h
- 翼長…10.0m
- 武裝…不明

戰鬥機最重要的功能是——飛得比敵機快。1936年，英國募集展開高速戰鬥機計畫，其中最奇特的案子是由空速（Airspeed）公司所提交的AS－31。

這架飛機的座艙竟然位在**垂直尾翼的地方**；且為了減少空氣阻力，還將機身做得像是全翼機一樣平坦。設計目的就是要完全發揮出速度。

但如果將座艙放在這個位置的話，**飛行員一定會因為暈機而昏倒的**。此外，一般的飛機有用於左右移動的方向舵（垂直尾翼），但這架飛機卻因為座艙的關係而沒有設置方向舵，因此***無法進行飛行操作，甚至連起飛都做不到**。這讓它成為一架有著嚴重缺陷的飛行器。

不知為何，英國軍隊對這架飛機產生了濃厚的興趣，甚至**製作了與實物相同大小的木製模型以進行風洞測試**。最後，他們似乎終於意識到問題所在了，這架飛機最終並未實際製造出來。

*由於無法控制螺旋槳扭力（轉動螺旋槳時產生的反作用力）導致機身無法側移。

# 從發射到逃生都有『失望』保證

## 博爾頓保羅 P.100

不小心！
不要把飛行員
吐出來了……

**小檔案**

- **全長**…10.4m
- **翼長**…12.2m
- **最高速度**…571 km/h
- **武裝**…40 mm 機砲 ×2
  20 mm 機砲 ×2
  對地火箭彈 ×8
- **炸彈搭載量**…2,457 kg

研製：英國

年代：1942年

這架飛機是英國博爾頓保羅公司提出的一款對地攻擊機。為了將武器塞進機身，設計者將討厭的螺旋槳放在後面，並將機翼向後斜，還在前方配置了*卡納德翼作為輔助。

光是這些設計就讓這架飛機看起來相當獨特了，**但真正的特色是其特殊的逃生裝置**。由於螺旋槳是配置在後方，萬一飛行員需要跳傘逃生時，可能會捲入螺旋槳中。

為了解決這個問題，**飛機的前半部分被設計成像個開口，可以快速打開，讓飛行員可以滑落到下方**。但這種設計可能導致最壞的情況發生，那就是**在戰鬥中機身突然打開，飛行員便從「口中」掉出來了。這架飛機最終被淘汰**。

＊當主翼放置在後方時，用來取代水平尾翼的前翼。

奇葩度

# 讓我們一同翱翔於天空
## 里奧 102T 阿雷利昂

如果只要展翅就能飛翔，那就不會那麼辛苦了……

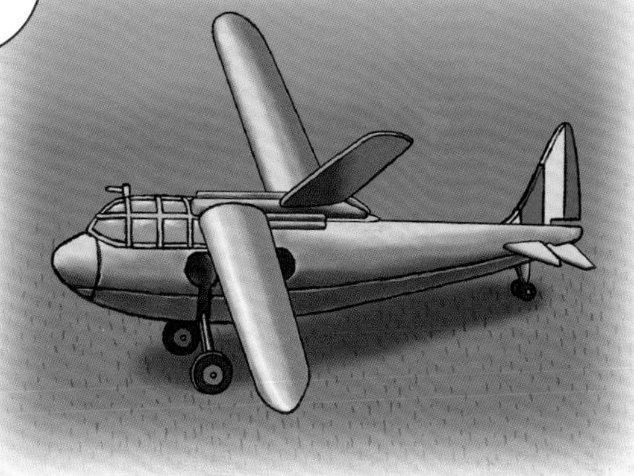

小檔案
- 全長…6.4m
- 翼長…8.0m
- 最高速度…不明
- 武裝…無

研製：法國

年代：1936～1939年

鳥類拍打著翅膀在空中飛行。有人觀察到這種動作後，**便開始嘗試如何拍打機翼，來進行飛行**。這就是法國工程師倫納・里奧所開發的「阿雷利昂」。這架飛機沒有螺旋槳，而是＊**兩片像鳥一樣可以自由拍打的主翼，只依靠這種力量來飛行**。

這架飛機開發了4年，但卻**連一次都無法成功飛行過**。這是理所當然的啦！因為鳥的體重輕，可以利用風切羽和其他細小的羽毛來飛行；但**僅僅是模仿這種拍翅運動是無法讓你飛上天空的**。

在最後一次測試中還因為過度搖動主翼而導致翅膀折斷，最終被棄置。


＊這樣的飛行器稱為「鳥翼機」(Ornithopter)。

# 外觀看起來像飛碟但卻飛不高！

## VZ-9 阿布羅卡

研製

美國

年代

1958～1961年

小檔案

- 全長（直徑）…5.5m
- 高度（厚度）…1.1m
- 最高速度…190 km/h
- 乘員…2 名

ＶＺ－９阿布羅卡是由美軍和加拿大的阿布羅公司共同開發的武器。**它被設計為能以3馬赫的速度在空中飛行的終極武器**。

這架飛機的起飛機制是通過向下噴射渦輪噴射引擎的噴流。但在實際進行測試時，卻出現了意想不到的問題。令人意外的是，它自己實在太重了，無法很好地浮起，**當它離開地面1.5公尺以上時便會開始搖晃，並墜毀**。

最終，阿布羅卡成了一種只能在地面上方低空飛行的奇葩武器，離傳說中的飛碟相去甚遠，**耗資1200萬美元的開發費也全部付諸東流**。

這個玩具的價格
有點過高了吧？

# 不依賴螺旋槳的噴射直升機
## 蓋瑞特 STAMP

研製
美國

年代
1972年

小檔案
- 全長…2.5m
- 全幅…1.8m
- 最高速度…120 ㎞/h
- 武裝…無

對於能在空中移動的直升機，人們還曾思考過是否能再進一步縮小尺寸……美國曾經開發過一種可替代直升機的兩人空中移動裝置。

這種裝置是**不使用螺旋槳的超小型直升機**，稱為*「蓋瑞特」（STAMP）。它從後方的巨大進氣口吸入空氣，再從安裝在左右的導風扇向下排出空氣，利用這股力量來浮起。外觀上看起來像是去掉了螺旋槳的直升機，**讀機艙部分則直接使用了直升機的零件**。

然而，當事故發生時，「蓋瑞特STAMP」並無法確保飛行員的安全，且作戰時間短，**性能上也沒有比直升機更具優勢**，因此最終未被採用。

如果這個裝置真的投入實用，或許飛機的歷史也會跟著改寫。


*正式名稱為 Garrett Small Tactical Aerial Mobility Platform，STAMP 是其縮寫。

# 在獨創性方面無人能及

## 梅塞施密特 P.1079

Me P.1079/16

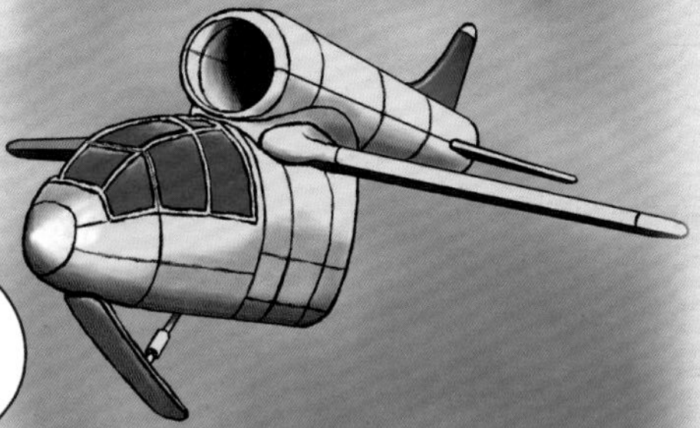

Me P.1079/1

傑作是在試驗與
錯誤中誕生的。

Me P.1079/15

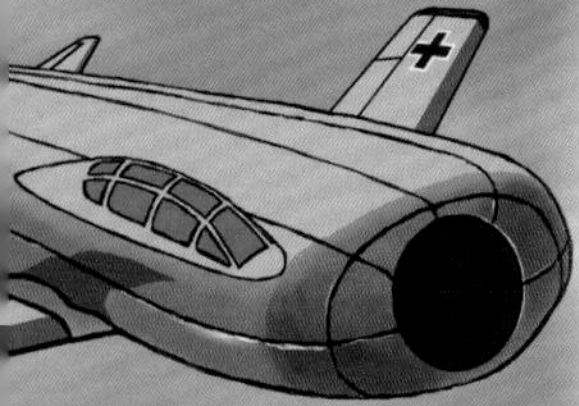

研製

德國

年代

1941～1944年

### Me P.1079/1

小檔案

- 全長…7.2m
- 翼長…5.0m
- 武裝…MG131 13 mm機槍 ×2

### Me P.1079/16

小檔案

- 全長…約 7.0m
- 翼長…約 5.0m
- 武裝…MG151 20 mm機砲 ×2

### Me P.1079/15

小檔案

- 全長…約 7.0m
- 翼長…約 5.0m
- 武裝…不明

德國在1930年代後期率先成功開發了噴射引擎，並在第二次世界大戰爆發後開始量產。1941年，德國委託梅塞施密特公司設計一款使用結構簡易的脈衝噴射引擎的輕型戰鬥機樣機。

然而，梅塞施密特公司所提交的P－1079系列在設計上非常奇特。這些奇特設計包括**刪減機身後半部，只裝備引擎；左右不對稱的扁平外觀；將噴射引擎置於中央，並在那裡向左偏移，安裝駕駛艙和垂直尾翼**等等。這些外觀看起來之所以奇特是因為，當時的噴射引擎性能較低，**為了起飛，必須盡可能地減輕機身的重量**。

這些設計的共同特點是**沒有著陸設備（輪子），而是使用滑板來進行起降**。因為使用輪子會增加機身重量，但這又導致**需要使用火箭助推器或彈射器來起飛，結果反而增加了額外的重量**。

這些設計最終都沒有被德國軍方採用，並在計畫階段就被取消了。值得一提的是，梅塞施密特公司後來繼續致力於開發使用噴射引擎的飛機，並在**1944年成功開發出第一款噴射戰鬥機Me262**。

# 想法很好但卻行不通

## 費爾柴爾德 XC-120 Packplane

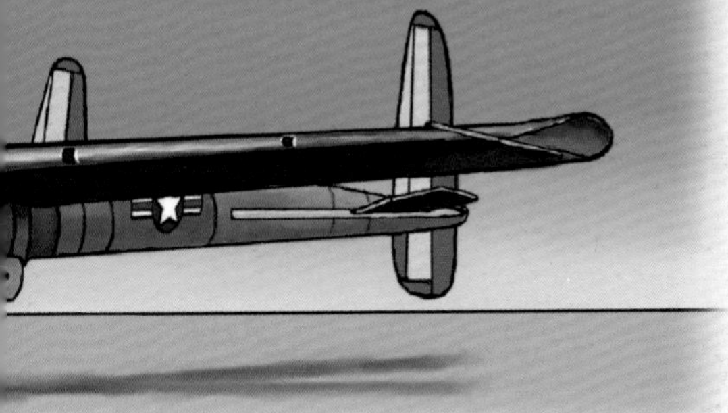

小檔案

- 全長…25.25m
- 翼長…32.46m
- 搭載容量…9,000 kg

研製
美國

年代
1950年

在現代，需要運輸大量物品時通常會使用集裝箱。在鐵路和船舶上，集裝箱運輸已經是司空見慣的方式了，但**美軍曾進行過一項實驗，將這種概念應用到飛機上**，這便是由費爾柴爾德公司所開發的運輸機Packplane。

這架飛機的特點在於**機身的下半部分是一個集裝箱**，可以根據需求改為人員運輸、貨物運輸或者空投大型集裝箱。如果各地的機場都部署著這類的集裝箱，那麼當飛機抵達時只

現在已經有可以完全裝載貨物的「貨機」了，所以也可以用飛機來進行大量運輸。
FAIRCHILD XC-120 PACK PLANE
UNITED STATES AIR FORCE
FAIRCHILD XC-120 PACK PLANE
UNITED STATES AIR FORCE

需要**簡單地進行貨物轉運**就可以了，大大提高運輸的效率。這實際上就是想要利用飛機進行現代的集裝箱運輸。

然而，這架飛機實際上並未投入使用，原因在於飛機本身。**不同的集裝箱形狀，會讓機身形狀也跟著改變，這讓穩定飛行變得十分困難**。特別是在沒有載運任何集裝箱的情況，也就是**在沒有集裝箱的情況下進行飛行，那是非常困難的**。這樣的集裝箱飛機理念可能更適合小型且能夠懸停的直升機。

# 強行將滑翔機改成偵察機

## 施魏澤 X-26B

小檔案

- 全長…9.42m
- 翼長…17.37m
- 武裝…無
- 乘員…2 名

機身上方
長出了螺旋槳…
N57135

研製

美國

年代

1966年

美國的施魏澤公司開發的X-26，它原本是一款滑翔機，用於飛行員的訓練。但在越南戰爭爆發後，**美國決定將這滑翔體改裝成隱蔽型偵察機**。

由於X-26是款滑翔機，所以需要加裝引擎和螺旋槳才能自行飛行。因為這些設備很難安裝在這麼小型的機體上，因此改裝後的X-26B偵察機顯得十分笨重。**引擎連接著螺旋槳，安裝在機體上方，外觀也很不協調**。在實戰中並沒有發揮太大的作用，很快就改回原本的滑翔機樣式了。

# 可怕的三角形直升機正在接近！

## 米爾 Mi-32

這架機器可以運載
100輛的汽車。

**小檔案**

- 全長…40.5m
- 全幅…36.0m
- 最高速度…225 km/h
- 最大載重量…140t

研製：蘇聯

年代：1982年

利用直升機來運載各種物品雖然很方便，但相較於飛機，它的運載量較少。為了克服這個限制，**蘇聯提出了打造一款一般直升機難以匹敵的超大型直升機Mi-32的計畫**。

這架直升機採用了以三角形排列的3個**主旋翼結構**，並在每個頂點處懸掛纜繩來吊掛貨物。一般直升機的最大運載量約為2.5噸，但**這架直升機卻可以運載最多140噸的貨物，是一般直升機運載量的56倍**。

然而，要製造出這種前所未有的直升機是非常困難的，**飛行員還需要接受專門的訓練才能駕駛這種機型的直升機**。因此，這項計畫最終未能實現。

# 這是唯一能坐人的地方

## 呂杜克0.21／0.22

研製
法國

年代
1953～1956年

呂杜克 0.22

小檔案

- 全長…約 18.2m
- 翼長…9.9m
- 最高速度…1200 ㎞/h（馬赫 0.97）

在第二次世界大戰期間，法國的呂杜克公司正致力於研究新時代的噴射機。該公司以無人機為基礎，直到**1950年代才成功研發出這款載人超音速噴射試驗機。**

然而，將無人機改造成載人機需要加裝一個駕駛艙。但為了盡量減少風阻，因此將**機艙安置在機頭和引擎之間**。這樣一來將導致**飛行員的視野極差，在著陸時，甚至都無法清楚看到前方的狀況。**

另外，早期型號呂杜克0.21無法自力起飛，**必須由一架大型運輸機載運並在空中投放才能升空。**最終，性能也未能突破音速，計畫宣告失敗。

### 呂杜克 0.21

小檔案

- 全長…約 12.5m
- 翼長…11.6m
- 最高速度…1074 ㎞ /h（馬赫 0.87）

F.ZLAV
如果駕駛艙在
這樣的地方，那
就看不到前方了！

# 德國的遺憾
# 超大型滑翔機計畫

## Me321/323 巨人　Ju322 猛瑪　He111Z 雙連機

看看德軍是如此執著地
完成這個計畫的！

**梅塞施密特**
**Me321/323 巨人**

小檔案

- 全長…28.2m
- 翼長…55.2m
- 最大搭載量…約 20t
- 最高速度…160 km/h (Me321)
  270 km/h (Me323)

**He111Z 雙連機**

小檔案

- 全長…16.4m
- 翼長…35.3m
- 最高速度…435 km/h

**朱科夫斯基 Ju322 猛瑪**

小檔案

- 全長…30.3m
- 翼長…62.0m
- 最大搭載量…12t
- 最高速度…不明

研製：德國

年代：1941～1943年

在第二次世界大戰期間，德國向梅塞施密特公司和容卡斯公司訂購了一款用於大規模作戰的超大型運輸機。這兩家公司研究後發現，若以其他飛機來拖曳，則**可以開發出歷史上罕見的大型運輸滑翔機**。

梅塞施密特公司開發的Me321「巨人」使用鋼管來製作機架，並採用木製機身和布製機翼。它的**最大搭載量為20噸，可以載運一輛中型坦克或120名士兵**。然而，由於「巨人」的積體過於龐大，普通飛機無法提供足夠的動力來牽引它，存在墜落的風險。因此，該公司製造了一種**專用機型—「雙連機」，將兩架戰鬥機並列相連，強行實現了滑翔機的滑翔**。

另一方面，容卡斯公司的Ju322「猛瑪」是一款全木製的滑翔機，為了輕量化沒有使用任何鋼材。然而，由於木材的強度較低，在試飛中出現了**機翼斷裂和貨艙地板被坦克壓穿等問題**。為了增加強度導致機身重量增加，搭載量減少至12噸，因此最終未被使用。

最後，梅塞施密特公司重新設計了Me321，為它安裝了六個螺旋槳發動機，也就是Me323動力滑翔機。雖然最終獲得採用，但由於**速度過慢**、**容易受到敵機攻擊，未能發揮應有的作用**。不過，由於大部分的機體都是木製的，因此**即使受到敵機的機槍攻擊也不容易被擊落**。

# 後記

**奇葩兵器**為什麼會誕生呢？

從根本上說，武器在人類漫長的戰爭歷史中被開發出來，
旨在讓戰鬥變得更有利於我方、減輕士兵的負擔，以及盡可能減少犧牲。

在本書中有所介紹的
這些**奇葩兵器**，是那些只停留在紙上的空論
或是製造、經實際使用後發現幾乎毫無用處的武器。

這些**奇葩兵器**誕生的時代，

技術可能還沒有像現在這麼進步，製造武器的預算和時間也可能不足。

然而，正因為是在這樣的情況下努力製造出來的，

或許**因為太認真了**，才讓人感到莞爾。

其中有些武器似乎還遠超現代技術，真是令人驚訝。

在世界上，仍有各種新型武器不斷被研發出來；

從中**能否誕生出能改變戰爭歷史的**

**名兵器，目前還不得而知**。

希望這些武器永遠都不會被派上用場，

期待和平、無戰爭的世界，

就此擱筆。

USMC

## 索引

**STAFF**

企　　劃：MIHO（BALZO）
世界兵器史研究會：古田和輝、伊藤明弘
插畫：ハマダミノル
設計：おおつかさやか
出版協力：中野健彦（ブックリンケージ）
　　　　　川嵜洋平（プリ・テック）



# 究極奇葩兵器圖鑑
## 74種令人哭笑不得的怪設計

出　　版／楓樹林出版事業有限公司
地　　址／新北市板橋區信義路163巷3號10樓
郵政劃撥／19907596　楓書坊文化出版社
網　　址／www.maplebook.com.tw
電　　話／02-2957-6096
傳　　真／02-2957-6435
作　　者／世界兵器史研究會
翻　　譯／陳良才
責任編輯／陳鴻銘
港澳經銷／泛華發行代理有限公司
定　　價／350元
出版日期／2024年5月

國家圖書館出版品預行編目資料

究極奇葩兵器圖鑑：74種令人哭笑不得的怪設計 / 世界兵器史研究會作；陳良才譯. -- 初版. -- 新北市：楓樹林出版事業有限公司, 2024.05 面；　公分
ISBN 978-626-7394-70-0（平裝）
1. 兵器
595.5　　113004236